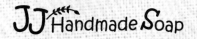

職人JJ的
私房冷製手工皂
26款人氣配方大公開！

健康×無毒×時尚

JJ 著

U0001148

推薦序

一本「心傳統」與「新創皂」相互交會的極致溫柔皂書

　　11 月的台北夜晚，已讓我感受到絲絲涼意了。那時剛結束站了一天的課程，為了搭上七點多高鐵回高雄的我，不得不拖著疲乏的身軀與腫脹的雙腳，急急忙忙地趕到高鐵車站；晚餐只能以途中在便利商店買的冰冷食品做為替代。就這樣匆匆上車入座後，手機叮咚一聲，原來是 JJ 傳來的訊息：「要不要來我家烤肉給妳吃啊？」瞬間，暖暖的感動盈滿心窩，讓我不自覺地揚起嘴角，會心一笑。

　　總是以最用心的態度去對待每一件人事物，尤其是她鍾愛的「創皂世界」。JJ 喜愛將古老的作皂配方延續傳承，但要求完美的她卻不會因此滿足。她會在體驗皂的洗感後，將天然質材靈活運用，以符合現今的綠色環保概念。

　　JJ 的皂都是針對不同的膚質與用途，在訴求上相當明確。運用適合的油脂與添加素材，再搭配上她獨有的精油配方，往往有著令人驚喜不已的成效！讓使用者能輕易地為自己的肌膚做出良好的選擇，在使用時更有 spa 般的天然呵護感。

　　JJ 身為天然手工皂講師，只傳遞給大眾最正確的天然清潔概念，絕不誇大手工皂的理療功效。她的皂都是採用天然精油配方，絕不使用香精，符合了健康、環保、舒緩的多方要求。除此之外，更運用其手作技巧（渲染、填色及天然質材）給予皂寶寶們美麗的視覺饗宴，讓每天一成不變的沐浴有著全新的洗滌感受。

　　本書結合了正確理論與 JJ 多年的實務經驗，內容豐富且相當扎實。相信對於是新皂友的你，會是一本入門卻又精湛的參考書，讓你一次擁有完美的配方並且快速成長；對於已是老皂友的你，本書將與你共同深究，激盪出更加完善的思維與全新自我配方！真心與您分享此書。

芳療師 王家渲

自 序

你好，我是 JJ！

在跟大家分享作皂前，想先聊聊我如何一腳踏入「皂海」。

記得我人生的第一顆手工皂，是來自於好朋友的贈與，那時手工皂還沒那麼盛行，只在收下時隨意問如何來的？朋友回説是自製手工皂，答謝後以為手工皂就像是參加了 DIY 手做卡片般的一種禮品，也不清楚優點在哪，所以就將皂束之高閣。當時繼續洗著專櫃購入的高級香皂和天然草本洗髮精，自以為如此就是天然，卻沒想到手工皂在未來的日子裡大大地改變我的人生！

多年後結婚生了孩子，在產後嚴重掉髮以及兩個孩子均是過敏膚質的催促下，開始找尋可以讓頭髮留在腦袋上、孩子皮膚沒負擔的沐浴方式，剛好手工皂也漸漸盛行，這才慢慢認識它。於是懷著躍躍欲試的心情，開啟了我人生的第二顆手工皂！當時是向他人購買手工皂，在等待了一個多月的熟成期後，懷著期待的心情使用。結果讓我很訝異，竟有別於我在專櫃購買的皂，手工皂在洗後多了種皮膚滑嫩的感覺，也讓孩子敏感易起濕疹的肌膚漸漸得到舒緩。這樣震撼的感受讓我不禁對手工皂深深迷戀，對於手工皂的原料、作法也充滿高度的好奇，終於下定決心要為自己及家人攪出一鍋最適合的皂！

就這樣，每天研讀、學習新知識，了解到手工皂是一種把油經由計算公式加入「鹼」而轉為皂的有趣學問，也對於皂的典故產生興趣。原來舉世聞名的「馬賽皂」最早在法國是 100% 純橄欖油製作，但因為在需大於供的環境之下，政府擔心橄欖油使用過量，於是頒布了新的配方，也就是加入不同比例的油，並規定只能在「馬賽」這個地方製皂。這種新創的配方反而讓手工皂由原本只用純橄欖油到開始使用複方混和油品，開啟了多元化的手工皂新紀元！

又如大家總是最愛一窺中國歷史上皇后佳麗們的保養祕方，在研習製皂的過程中，我也挑戰自己將這些傳頌以久的配方與手工皂結合；例如「漢方珍珠玉容散皂」，除了詳記了植物油的特性、中藥藥草、花卉、精油，更慢慢地收集需要的工具以及材料，終於在準備了半年後提起勇氣，做出了我人生的第三顆皂，而它是自己親手製造出來的第一顆，意義非凡！給予我極大的滿足感及成就感。

在製皂的路程上，當然也會有很多失敗經驗，如「過鹼」、「鹼不足」、「火山爆發」、「高溫融鹼失敗」、「速T假皂化」、「用錯配方洗感差」、「渲染失敗」……等，讓我感受到很深的挫折。幸好我是個喜歡面對挑戰且愈挫愈勇的獅子座，當腦袋有個想實踐的念頭時，就會勇往直前不斷地實驗，直到滿意為止。也因為有著喜歡挑戰的個性，所以從素皂到添加物的使用、渲染技巧、分層要訣、冷熱製結合皂，一步步細心地摸索，漸漸從失敗到成功以至現在的熟練。

作皂的這些年，很感謝作為我最忠實的試用者與意見回饋者的家人與朋友，由於他們誠實不阿的反應，讓我累積了豐富的經驗值，在作法上不斷地調整再調整，更鞭策了我不斷創新的構想。現在有機會將這些手扎集結成冊，很開心能和各位分享，這本書有微調大家耳熟能詳的老皂配方，也有 JJ 經過多次實做開發出來、被大家所喜愛的新配方，更有一些簡單的小訣竅以及過去失敗的經驗分享，希望藉由這些文字能讓大家動手做出一鍋適合自己也適合全家人的皂！

「潔潔一把皂」網路商店 http://jjsoap.shop2000.com.tw

FB 粉絲團 https://www.facebook.com /jjhandmadesoap

目 錄

Part 1.
開始作皂前的準備手扎

　　朋友們！準備好進入手工皂的世界了嗎？

　　記得開始作皂前，我買了好多書、參考了好多資料，但還是很茫然，腦袋還是有一堆疑問，因此遲遲不敢執行──氫氧化鈉到底有多危險？油跟鹼混和到什麼樣的程度才是真正的成功？皂化的過程這樣是對的嗎？做出的皂真的能安全無慮地給家人洗嗎……。這些疑問都是日後靠著不斷地失敗與重複摸索經驗，才慢慢理解體會！

　　藉由這本書，JJ 把摸索後的心得分享給你們，希望能幫助大家攪出成功的第一鍋皂！

關於手工皂的基本認識

1-1 手工皂 跟市售肥皂有何不同？

超市開架的肥皂、百貨公司的專櫃肥皂、菜市場婆婆賣的肥皂⋯⋯這些是手工皂嗎？

我們先來了解如何區別皂的差異吧！

自製手工皂通常採取冷製法，以保留植物油裡較多的營養成分

手工皂的基礎成分就是天然的植物油跟鹼，當植物油與鹼水以低溫方式混合、皂化後，就會自然產生皮膚濕潤劑「甘油」+「皂」，也就是冷製手工皂，這就是為什麼自製的手工皂洗起來會有滑溜滋潤的感覺──因為每顆皂包含了 25% 以上的甘油在裡面，所以皂體遇水後會偏軟，使用後只需要選擇濾水性佳的皂盤，並且多顆輪流替換使用，就可以延長皂體的使用時間。

市售肥皂通常採取熱製法，以有效縮短製造時間

市售的肥皂大部分採取熱製法，在植物油與鹼水結合 Trace（痕跡）後開始高溫熬煮，加速皂化。在皂體成形前，部分的業者會抽取出「甘油」另外販售予化妝品原料商，所以市售肥皂的皂體就因缺乏甘油而偏硬，也少了滋潤感；而因為只剩下 100% 的「皂」，洗起來就只有單純的清潔感。

另外在市場上販售的「精油手工皂」，皂體透明且有很多顏色，帶有精油味道，大部分則是皂基 + 精油（或是香精）+ 染色的組合。所謂皂基是工廠以熱製方式加上酒精大量熬煮而成；購買皂基加熱後再加入精油（或香精），染色完就會成了有透明感的皂體。皮膚較容易過敏者，建議不要使用含有酒精成分的皂。

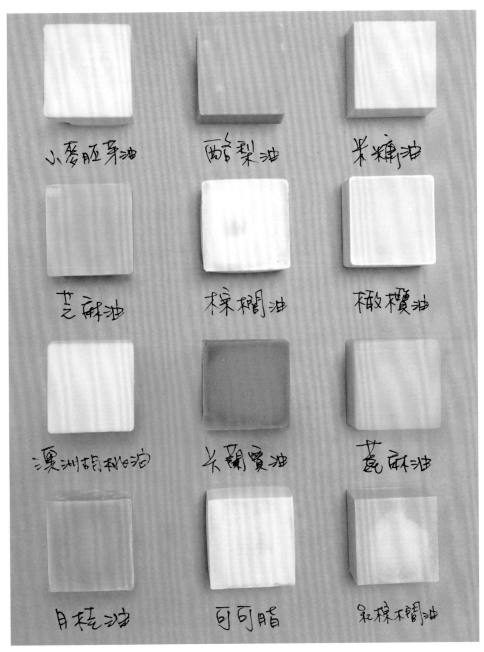

小麥胚芽油　　　酪梨油　　　米糠油

芝麻油　　　棕櫚油　　　橄欖油

澳洲胡桃油　　　芥蘭貫油　　　蓖麻油

月桂油　　　可可脂　　　紅棕不皂油

各種皂片。

1-2 一定要知道的：常見的手工皂製造方式有哪些 ？

冷製法（Cold Process）

冷油冷鹼的定義為「油溫」與「鹼溫」融合後達到攝氏 40 度左右，甚至有些皂的製程需要更低溫至攝氏 10 度。硬油部分（冬化的椰子油、棕櫚油、可可脂、乳油木果脂等）以攝氏 40 度左右的熱度先融化後熄火，再加入其他植物油；待鹼水溫度降至攝氏 40 度以內，再以油鹼溫差不超過 10 度的情形下進行混合至 Trace 狀態，入模等待皂化、脫模、晾皂熟成。通常過程需耗時 30 ～ 90 日不等的時間，過程因沒有高溫熬煮，比較能保留植物油的營養成分。

熱製法（Hot Process）

熱製造的方式是將油鹼混合至 Trace 狀態後，直火高溫熬煮約 2 ～ 3 個鐘頭不等，可以縮短皂化過程。熬煮完畢後入模、脫模、晾乾即可使用，對於急用或是較沒耐心等待熟成期的皂友，是個快速的方式，但因為長時間的高溫熬煮，植物油裡的養分也破壞許多。

皂基融化再製法（Soap Base）

皂基大致分兩種：植物油皂基與動物油皂基，顏色有白色跟透明，成分每家製造出的有些許不同；大約有椰子油、棕櫚酸、硬脂酸、鹼水熱製而成，營養價值成分偏低。將皂基加熱溶解後，添加顏色及香味即可直接入模，待冷卻後脫模就能使用。坊間百貨的兒童 DIY 課程所使用的均為皂基。因為方便、安全、好操作，適合娛樂性的使用。

再生熱製法（Rebatching Soap）

冷製法的油與鹼計算錯誤，或是攪拌不均勻導致失敗，可以將不滿意的成品皂修下皂邊，再刨絲或切小丁，以補油或補鹼的熱製方式加以熬煮融合，所需時間約 2 ～ 3 個鐘頭，之後入模待乾，脫模後晾皂 1 ～ 3 周即可使用。

1-3 常常被問到的：手工皂洗起來真的安全嗎？

　　最早的清潔方式，是將我們都熟悉的無患子果實碾碎、搓揉起泡做為洗滌用途。後來在中古世紀，甚至現在的非洲，皆使用灰燼融水加入油脂作皂。據說，發現的契機是雨天時火炬上的高溫灰燼與油脂起了化學作用，成了有清潔力、可以搓出泡泡的肥皂，而這個灰燼就是早期的「鹼」。這個美麗的意外開創了手工皂的歷史，後來人們又發現將海水電解後會產生氫氧化鈉（NaOH），也就是我們現代皂鹼的來源。鹼＋油脂＝皂＋甘油，在操作得宜、沒過鹼（氫氧化鈉過量）的狀態下可以無需擔憂安全問題，甚至比市售清潔用品所使用的「界面活性劑」來得更加安全無害！

1-4. 我需要準備哪些工具？

　　在了解了手工皂的製程以及大概製法後，朋友們，可以開始慢慢準備工具囉！
　　工具中分為「必要配備」跟「選擇配備」兩種，端看需要的程度；依 JJ 經驗，工具永遠不嫌多，建議可以先選購必要的工具，等日漸熟悉使用方式後再依個人需求做更進階的添購喔！

穿在身上的

必要配備

◎口罩：氫氧化鈉融入純水後的鹼液，會因為溫度上升造成高溫蒸汽，此時的蒸汽十分嗆鼻，需要口罩來保護口鼻。
◎圍裙：避免操作過程中皂液濺出，或渲染分鍋時花草粉不慎染上衣物。
◎手套：融鹼或攪拌皂液時，為防不慎濺出的液體灼傷皮膚，所以建議戴手套操作比較安全。

<u>選擇配備</u>

◎護目鏡：避免融鹼時高溫薰眼，操作過程中為避免皂液濺出而做的防護。

製皂中使用的

<u>必要配備</u>

◎鋼杯／不鏽鋼湯匙：製作鹼液時，最好是選擇 304 不鏽鋼材質的鍋具，確保可以耐強鹼。

◎溫度計：測量油鹼溫度，精準掌控混合時機。

◎電子秤：秤植物油、氫氧化鈉、水、花粉等材料所需的比例重量，選購時請找最小測量單位 1 克，最大承受重量 5 公斤左右。

◎不鏽鋼鍋：建議可以選擇容量約 3,000 毫升、容量深度跟寬度皆 20 公分大小的鍋子，需兩鍋。

◎矽膠刮刀：可刮除鍋子上殘留的皂液。

◎不鏽鋼攪拌棒／打蛋器：油鹼混和的攪拌工具。建議先以手動方式攪拌，如有需要用電動調理棒，請注意使用安全。

◎回收環保皂模：936 毫升的鮮奶紙盒很適合入門打皂使用，在選擇裝皂液環保容器時，如果是塑膠類的，必須注意是耐鹼的 5 號 PP；牛奶紙盒則不可以選擇內有鋁箔包裝的，因鋁製品遇鹼後會產生毒素以及失敗皂。

<u>選擇配備</u>

◎矽膠模具：耐熱、耐酸鹼的矽膠模具最適合拿來當入模工具，市面上有各類造型的矽膠模具可在烘焙行購得，也有專門作皂使用的矽膠模具與吐司模，也可於皂材行購得。

◎小濾網：有粉類添加物時，需先過篩，粉會較細緻且不會結塊。

◎不鏽鋼筷：渲染時使用。

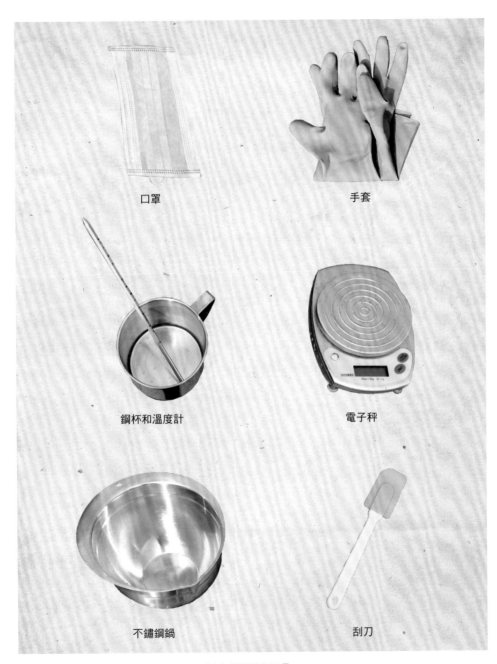

口罩

手套

鋼杯和溫度計

電子秤

不鏽鋼鍋

刮刀

製皂所需要的工具。

切皂／晾皂需要的

必要配備

◎線刀：可購於皂材行，搭配切皂器能完整切出直線條，切皂時間也控制得宜；
　　缺點是遇到較硬的配方皂容易斷線。JJ很推薦此款，不僅價格便宜且使用容易
　　上手。

◎草莓籃：六面通風的草莓籃最適合用來晾皂使用。晾皂期內每周至少一到兩次
　　將皂翻面晾乾，以達到四面都乾燥。

選擇配備

◎菜刀／砧板：優點是廚房皆有，方便取材；缺點是不容易切出同樣大小的皂。

◎波浪刀：可在烘焙行或是皂材行購買，硬度夠適合切各種皂類。

◎切皂器（有修皂功能）：想切出一塊方正的皂這臺是必備品。切皂器本身已備
　　有兩種經常使用的切皂厚度，沿著木頭邊緣搭配線刀切下，再翻到背後用修皂
　　刀修齊不整的邊邊，成皂可以媲美專業的皂型喔！

◎大型推皂器：是專業的切皂器，適合每次製造量大且需要大量切皂時使用，推
　　薦給專業製皂的朋友。

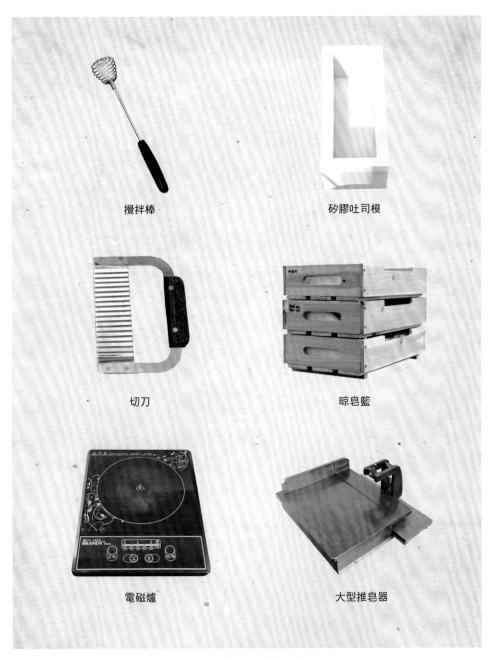

攪拌棒

矽膠吐司模

切刀

晾皂籃

電磁爐

大型推皂器

切皂／晾皂所需要的工具。

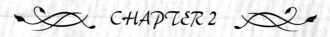

CHAPTER 2

製「皂」的關鍵祕方：油脂

2-1 植物油 & 油脂

了解各種油脂的特性，是做顆好皂的關鍵！

JJ 不攪皂時，大部分時間在學習吸收各種植物油和精油的特性、關注新款油脂的發表，又或者油性肌膚的人適合使用的植物油有哪些？敏感性肌膚的寶貝又該使用哪些油入皂？如何搭配油品才能讓皂延長使用壽命不易軟爛？當充分了解每款植物油的特性以及適合使用的比例後，就是打好基礎、隨時準備寫出配方皂的重要關鍵喔！這裡介紹的植物油多為手工皂基礎油，或是 JJ 的暢銷皂裡所使用的油品。每款油有原油樣貌以及 100% 純油成皂後可以比較參考。

1 / 椰子油
Coconut Oil

皂化價／氫氧化鈉 0.19
氫氧化鉀 0.256
INS 值 258

油品

成皂

由椰子果肉提煉出的椰子油，是手工皂最基本的入門款植物油之一。椰子油在攝氏 20 度以下會呈現固態，稍微加熱就會融化，可以發揮很好的起泡力！但含有對皮膚具刺激性的正辛酸或正葵酸，所以使用太多的話皮膚會乾澀；如果想做清潔力高的手工皂，椰子油比例就要高一點；如家事皂、去角質的鹽皂或是油性髮質專用的髮皂。

如果是一般的手工皂，JJ 建議椰子油含量可以佔總油重的 20%～ 30% 即可，想要更滋潤的手工皂甚至可以只用到總油重的 20% 以內。椰子油比例高的手工皂，好處是質地硬度高、不易軟爛且 Trace 速度快；相對地，比例低硬度就不會太高。

2 / 棕櫚油
Palm Oil

皂化價／氫氧化鈉 0.141
氫氧化鉀 0.199
INS 值 145

油品

成皂

棕櫚果肉經由萃取或壓榨所取得的植物脂肪就是棕櫚油。在秋冬季節棕櫚油會呈現固態狀，但稍微加熱就可以融化。棕櫚油的優點是能夠加速皂化時間，做出對皮膚溫和、清潔力好又堅硬、厚實的香皂，不過因為沒什麼泡沫，所以一般都會搭配椰子油。建議用量為總油重 10%～ 20%。

只是近年來，由於業者過度砍伐棕櫚樹，破壞了熱帶雨林的生態，為了環境保護開始提倡少用棕櫚油。有學生問我可以用什麼油取代？其實沒有一定的答案，如果需要平衡皂的硬度，可以選些硬脂類的油搭配少許清潔力同樣不錯的植物油。寄望未來永續栽培的觀念漸漸普及，讓地球的人們仍可以環保的方式持續使用此油。

3 / 紅棕櫚油
Red Palm Oil

皂化價／氫氧化鈉 0.142
氫氧化鉀 0.199
INS 值 151

油品

成皂

油棕樹的果實壓榨後未經脫色精製處理的就是紅棕櫚油，除了具有棕櫚油的特性之外，它是天然植物油當中胡蘿蔔素含量最高的植物油，有 700 ～ 1,000ppm，是胡蘿蔔的 30 倍！故含有非常大量的抗氧化物質維生素 E，有助於修復傷口以及使粗糙的肌膚柔軟。

它的紅色是一種天然的調色劑，可以調製手工皂的顏色；而比例佔得愈高，Trace 速度愈快，成皂硬度也愈硬、色澤愈深。有趣的是，成皂後的橙色經過陽光長時間的照射後，會一點一點地褪去。

4 / 橄欖油
Olive Oil

皂化價／氫氧化鈉 0.134
氫氧化鉀 0.19
INS 值 109

油品

成皂

　　橄欖油有分特級冷壓初榨（Extra Virgin）、初榨（Virgin）、純（Pure）、特淡（Extra Light）、粕油（Pomace）幾個等級，富含維他命、礦物質、蛋白質、必需脂肪酸，尤其是 ALA（α- 次亞麻油酸，Alpha Linolenic Acid），適合用來製作軟膏、栓劑、浸泡油等，能促進皮膚膠原增生、維護肌膚的緊緻與彈性，是天然的皮膚保濕劑。

　　它製做出的香皂會有淡淡的黃色且具有橄欖香味，洗感有如牛奶般細緻滋潤，洗後會有薄薄一層的保濕水潤感，但是皂化時間需要非常久。橄欖皂的泡沫柔細但是不多，可以做 100％橄欖油全皂，如需要做出保濕感的手工皂，橄欖油是必備的選擇。

5 / 蓖麻油
Castor Oil

皂化價／氫氧化鈉 0.1286
氫氧化鉀 0.178
INS 值 95

油品

成皂

　　蓖麻種子榨成的油在常溫下呈淡黃色接近透明，脂肪酸含量 90% 以上，所以觸感黏稠。其主要成分為蓖麻子油酸（Ricinoleic Acid），保濕力非常好但起泡度不佳；100％蓖麻油皂幾乎沒有起泡度。蓖麻油的結構接近酒精的特性，故皂化快速；另外，高比例的蓖麻油作皂有個特性：遇水後易變成透明皂狀態，所以常常用來做洗髮皂以及需要保濕力的皂款，不過如果蓖麻油比例放太重則容易使肥皂過軟不易脫模，建議搭配硬度高的油脂提高成皂硬度，一般用量只需 5~20% 即可。

6 葡萄籽油
Grape Seed Oil

皂化價／氫氧化鈉 0.1265
氫氧化鉀 0.191
INS 值 66

油品

成皂

　葡萄種子經由冷壓方式精製而成的葡萄籽油，呈現自然的淡黃色或淡綠色。亞麻油酸和原花色素是葡萄籽油兩大非常重要的元素；我們都知道亞麻油酸可以抗自由基、抗老化，所以葡萄籽油能有效地預防皮膚下垂及皺紋產生。

　它滲透力強且清爽不油膩，適合拿來做保養品使用。但硬度不高且亞麻油酸佔60％，容易酸敗，所以占總油重的 10％左右即可，盡量選擇有信譽的商家購買以確保油品的精純度，如有特別想提高葡萄籽油的比例，建議多搭配些硬度、抗溶性較佳油品，如椰子油、可可脂或乳油木果脂等。

7 芝麻油
Gingelly Oil

皂化價／氫氧化鈉 0.133
氫氧化鉀 0.188
INS 值 81

油品

成皂

　芝麻壓榨萃取出來的芝麻油也稱胡麻油，含有豐富的必需脂肪酸、天然維他命 E 與芝麻素，可以幫助肌膚抗自由基、抗老化、促進血液循環，更可以使肌膚平滑柔順。手工髮皂經常使用芝麻油入皂，因為芝麻油可以滋養乾燥秀髮，更可以讓毛躁的頭髮恢復亮麗光采、增進頭髮烏黑亮麗。建議用量為總油重 10％～30％。

　做成皂後屬於洗感清爽、也是適合夏天用或油性肌膚、面皰用的皂。

8 / 米糠油
Rice Bran Oil

皂化價／氫氧化鈉 0.128

氫氧化鉀 0.187

INS 值 70

油品

成皂

　　米糠油是由稻米的外殼以及種籽的胚芽所製成的，有軟化肌膚、保濕的特性。米糠油裡的非皂化成分大約在 3 ～ 4%左右，所以在製作手工皂時，利用皂化價計算出的氫氧化鈉使用量要盡可能準確，以減少失敗軟爛的可能性；而因為 Trace 速度快且有高比例的米糠油入皂，盡量以接近攝氏 10 ～ 20 的低溫方式入鹼水，並延長攪拌時間避免攪拌不勻失敗。

　　成皂後清爽的洗感非常適合夏天使用，用來做髮皂對於受損及細軟髮質也很適合。

9 / 甜杏仁油
Sweet Almond Oil

皂化價／氫氧化鈉 0.136

氫氧化鉀 0.195

INS 值 97

油品

成皂

　　由杏樹果實壓榨取得的甜杏仁油一直有「高級潤滑油」的美譽！無論是化妝品、SPA 使用的按摩油、保養品、手工皂，甜杏仁油都扮演著重要的角色。

　　含有維他命 D、E ，具滋潤、緩和、軟化肌膚的功能，做出的肥皂泡沫像乳液般細緻，對皮膚溫和且具有良好的親膚性，各種膚質都適合，更可以使用在嬰兒嬌嫩的肌膚上。建議用量為總油重 15%～ 30%。

10 / 荷荷芭油
Jojoba Oil

皂化價／氫氧化鈉 0.066
氫氧化鉀 0.092
INS 值 11

油品

成皂

荷荷芭是一種沙漠植物，其果實壓榨、萃取出來的油即為荷荷芭油，呈金黃色，屬於軟性油脂且幾乎沒泡沫。雖說是「油」，不如說它更屬於植物性的液狀蠟，所以耐熱性強、不容易腐敗，保存期限可長達好幾年。

它的成分非常類似皮膚的油脂，所以與肌膚相容性高且容易被吸收，不容易阻塞毛孔又具有消炎成分，是肌膚保養品與抗老化的最佳原料！也是做為抗痘調理精油的基底油的最好選擇，非常適合全身以及頭髮的保養使用。手工皂中常常以「超脂」（SF，Superfatting）的方式使用此款油，建議用量為總油重 7%～ 8%。

11 / 酪梨油
Avocado oil

皂化價／氫氧化鈉 0.1339
氫氧化鉀 0.1875
INS 值 99

油品

成皂

酪梨原產於美洲的赤道地區附近，是印加民族以及印地安人的主要水果。酪梨油來自於酪梨的果實壓榨、萃取，含有比雞蛋還高的維他命 D，可改進皮膚的彈性，對肌膚的滲透力很強，僅次於荷荷芭油。營養度高很適合做洗臉皂，深層清潔的效果很好；屬於軟性的油脂，成皂後幾乎沒泡沫，故要搭配起泡性佳的油質。

適合幼兒、乾性、敏感性、缺水、濕疹肌膚使用，建議用量為總油重 10%～ 30%。

12 / 杏桃核仁油
Apricot Kernel Oil

皂化價／氫氧化鈉 0.135
氫氧化鉀 0.189
INS 值 91

油品

成皂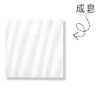

原產於伊朗和中國東北的杏桃樹，果肉汁多肉甜。取其核仁壓榨、萃取出的杏桃核仁油富含維生素 A、B1、B2、B6、C、礦物質及纖維質，可以軟化肌膚、保濕效果強，非常適合乾性缺水肌膚以及過敏性肌膚使用。

它質地清爽，做於手工皂後泡沫細小但持久力強，特別適合季節交替時皮膚乾癢脫皮使用，建議用量為總油重 10%～ 70%。但當用量比例高時請搭配些硬度、抗溶性較佳油品。

13 / 澳洲胡桃油
Macadamia Oil

皂化價／氫氧化鈉 0.139
氫氧化鉀 0.192
INS 值 119

油品

成皂

又稱夏威夷核果油，原產地是澳洲，到了夏威夷後卻被發揚光大，跟「夏威夷果油」（Kukui Nut Oil）經常被搞混。因為中文翻譯名字很相近，所以在辨別上用英文會比較好辨識。

其果實冷壓、萃取而來的油含棕櫚油酸 20% 以上，棕櫚油酸在皮膚細胞再生中扮演重要的角色，有助於修復傷口或改善濕疹的皮膚，也可以做「超脂」的方式使用。是一款適合季節交替時，舒緩皮膚過敏現象所使用的油。用在髮皂上能讓受損秀髮得到清爽的滋潤，只要使用總油重的 10%～ 20% 就能徹底發揮

14 / 乳油木果脂
Shea Butter

皂化價／氫氧化鈉 0.128
氫氧化鉀 0.179
INS 值 116

成皂

油品

　由非洲乳油木樹果實中的果仁所萃取、提煉，使非洲婦女可以對抗長年風沙及炙熱的陽光，讓肌膚維持健康且具高度的滋潤。和蜂蠟混和融化後再添加些具滋潤效果的植物油，可製成簡易的護膚、護髮、護唇膏及面霜。用在手工皂是個人人喜愛的高級素材，做出來的皂質地溫和、保濕且較硬，Trace 速度快、起泡細小、滋潤度高，但不可皂化物質高，建議用量 20％以下。

15 / 可可脂
Cocoa Butter

皂化價／氫氧化鈉 0.137
氫氧化鉀 0.194
INS 值 157

成皂

油品

　為可可豆中之脂肪物質，通常將整粒可可豆加熱壓榨而成。因含有天然抗氧化成份，穩定度高，可保存 2 ～ 5 年。組織細緻並帶有甜美香氣、Trace 速度快、微起泡度但滋潤性高，添加在手工皂中可以有效增加肥皂硬度。

　洗後會有一層皮膚保護膜，故常常添加於化妝品中。可製成簡易護唇膏及面霜，可與軟油搭配，建議用量 15％以內，以免成皂後易脆而裂開。

16 / 小麥胚芽油
Wheat Germ Oil

皂化價／氫氧化鈉 0.131

氫氧化鉀 0.183

INS 值 58

油品

成皂

　　小麥胚芽經過壓榨取得的油，富含油酸、亞油酸、亞麻酸、甘八碳醇及多種生理活性組分。維生素 E 含量為植物油之冠，與甜杏仁油稀釋加上複方精油後，是很好的皮膚按摩油！尤其適合乾性、混和性偏乾肌膚使用。

　　用於皂中屬起泡性佳的油品，因為富含維他命 E，有抗氧化功能，加入手工皂中可以延長保存期限，是很好的安定劑，建議用量為總油重 10%～ 20%。

17 / 卡蘭賈油
Karanja Oil

皂化價／氫氧化鈉 0.136

氫氧化鉀 0.191

油品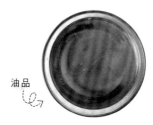

INS 值 109

成皂

　　原產於印度，現廣泛遍佈於南亞、澳大利亞、夏威夷等地的印度卡蘭賈樹，以冷壓、萃取方式取得的卡蘭賈油是一種藥用植物油。在幾百年前，印度人們就已經使用卡蘭賈樹來治療多種皮膚問題；它具有強效的殺菌、止癢、鎮痛的功效，也適用於治療寵物的皮膚問題。卡蘭賈油在印度的傳統醫學（阿育吠陀醫典）中與印度苦楝油有類似的特性，但氣味更為溫和，被喻為堅果般的香氣，因此更易於讓大家接受。

　　在歐美國家經常應用於保養品中，有保濕、抗老、抗 UV、皮膚保養等功能，建議用量為總油重 10%～ 50%。另外因 Trace 速度快，所以需要很低溫的方式讓油鹼混和才能避免失敗。剛成皂的顏色為金黃色，經過 30 ～ 45 天的晾皂期後慢慢轉為暗黃綠色，渲染時需格外小心濃稠度及顏色的掌控。

18 / 月桂籽油
Laurel Seed Oil

皂化價／氫氧化鈉 0.141
氫氧化鉀 0.198
INS 值 124

油品

成皂

廣佈地中海沿岸的月桂樹，把果實經由傳統製油工序壓榨，取得深墨綠色的月桂籽油，帶有濃厚的藥草風味。在當地代代相傳，使用有數百年歷史，調和其他油品後直接擦拭在身體可舒緩風濕痛、扭傷、一般性疼痛，也可幫助治療落髮的問題，所以也適合當髮皂的基本材料。

中亞地區著名的阿勒坡古皂配方就以月桂油及初榨橄欖油為原料來製作。Trace 速度快、起泡度佳，適合用量為總油重 10%～ 30%，月桂油愈高比例的話皂化速度愈快，相對地對皮膚刺激性也會較高。

19 / 苦茶油
Tea Seed Oil

皂化價／氫氧化鈉 0.1362
氫氧化鉀 0.192
INS 值 128

油品

成皂

由茶花籽樹的種籽提煉出的淡黃色液體，因為營養價值高（素有東方橄欖油之稱）一直被視為養生油品，廣泛運用在婦女產後的月子餐中。純的苦茶油應無泡沫，搖晃瓶身時只會產生氣泡薄膜，若是有大量的泡沫產生，就可能是添加了其他的油品。

苦茶油具有天然的抗氧化物質，含有一定的氨基酸、維生素，更有殺菌、解毒成分，不但利於皮膚吸收，也具有滋潤、護髮功能，因此常作為乳液、護髮聖品。用苦茶油做出的洗髮皂，洗後可使頭髮輕盈、有彈性兼具光澤，建議用量為總油重 70%以內，與其他油品搭配得宜可以做出高質感的髮皂。

2-2 花草中藥浸泡油

　　浸泡油就是把新鮮或乾燥過的香草植物、中藥放在基礎油裡浸泡，不但可以釋放出植物本身的精油成分，也藉由油脂將植物或藥草中的脂溶性物質釋放出來，以取得所需的珍貴成分。

　　浸泡方式分為冷浸泡（Cold Infusion）跟熱浸泡（Hot Infusion）兩種，建議使用乾燥的香草植物或藥草浸泡。因為新鮮的花草植物如果沒有妥當地瀝水、曬乾容易使油的穩定期縮短，引起變質。

　　浸泡油可做為唇膏、軟膏、手工皂以及保養品乳液。最常使用到的花草或藥草類的有：薰衣草、迷迭香、薄荷葉、金盞花、洋甘菊、玫瑰、桂花、紫草根、香蜂草、聖約翰草及各類複方中藥。

各種常見花草浸泡油

冷浸泡（Cold Infusion）

　　取一廣口玻璃容器清潔瀝乾後，選一款欲浸泡的香草以及單一植物油，先加入適量花草：約瓶身大小 2/3 至 9 分滿，以不擠壓花草、維持自然蓬鬆度為主，再倒入單一植物油如：橄欖油、杏桃核仁油、甜杏仁油……等。待油品高度蓋過花草後稍微輕輕攪拌，確認瓶內的空氣泡泡浮出後緊密封口，貼上浸泡油種類以及日期，第一周每天上下顛倒輕轉一圈，大約浸泡 3 ～ 6 周以上後即可使用。

step1. 備料。

step2. 倒入乾燥花草。

step3. 加入油。

step4. 完成。

熱浸泡（**Hot Infusion**）

通常使用熱浸泡是因為需要短時間內使用浸泡油；選一款欲浸泡的香草以及單一植物油，倒入可加熱的鍋中以攝氏 40 至 60 度的方式加熱或隔水加熱，期間要小心觀察火候避免過熱焦壞，如不慎過熱請立即熄火、離開火爐。降溫後，視狀況再持續加熱，一般大約熬煮 1 ～ 2 鐘頭，待涼後即可過濾使用，也可倒入廣口玻璃瓶中待用。

將欲熱浸泡之花草放入油品中，以攝氏 **40** 度～ **60** 度的方式加熱或隔水加熱即可。

2-3 水相

　　簡單來說，把某種物質溶於水，做出可溶於水的混和液體即為水相。手工皂五花八門，除了純水以及各類乳汁可融鹼之外，經常用各種花水（Hydrosol）當水相：有薰衣草水、洋甘菊花水，茶樹水、檜木水……等，是精油在萃取過程中，經過蒸氣萃取或是水蒸餾凝結的水副產品，是一種水合物，不像水也不像精油，卻有淡淡的花草香氣與類似的精油特性！

　　另一種水相則是取天然花草、蔬果或藥草配方加純水打成汁或浸煮而成，例如取左手香葉洗淨加純水，用果汁機打成汁液濾除殘渣後，取得「左手香水相」製成冰塊融鹼；浸煮方法則適用於藥材。皂圈盛傳的菊花散配方或是各類坊間具有療效的中藥配方，則是經過中藥的熬煮程序後，將取得的汁液製成冰塊，代替純水融鹼入皂，取其功效。

浸煮法備料。

燉煮。

2-4 各種精油的功效

　　精油種類族繁不及備載，這邊僅提到書內會使用到的各類精油特性，供各位參考並酌量使用。至於精油入皂有無療效這點眾說紛紜，無論有無療效，JJ 希望跟大家分享一個觀念──手工皂本身最大功能就是溫和清潔，使用時停留在身體表面不過短短數分鐘，如說有即時療效那絕對是誇大無稽之談，但日積月累下來的清潔以及香氣薰陶，多少會愉悦心情與身體！簡而言之就是洗得乾淨、聞得舒服最重要。

　　在化材行通常能夠買到精油以及香精，那麼如何分辨精油跟香精的不同？精油是從各類天然植物萃取出來的，因萃取方式的難易度以及植物多寡牽動著價格的高低。精油有使用期限、易揮發的特性，所以隨著時間經過，香味逐漸淡去是自然現象。相對地，香精則是人工合成的香味，價格較為低廉；也因為是人工合成，長期使用下來難免對健康或是秉持天然的理念相違背，故不建議使用於皂中！

尤加利精油	舒緩疼痛、消毒、抗病毒、化痰、舒緩曬傷、關節風濕痛、刺激免疫系統等。
迷迭香精油	緩解胃脹氣、增強記憶力、提神醒腦、舒緩頭痛 、改善脫髮現象。
薰衣草精油	清潔皮膚、控制油分、祛斑、美白嫩膚、促進受損組織再生恢復。
快樂鼠尾草精油	抗沮喪、抗炎、抗菌、抗抽搐、抗痙攣、抑汗、除臭、祛除腸胃脹氣、舒緩神經緊張。
甜橙精油	補水保濕、嫩白肌膚、消除緊張、鎮靜焦慮情緒、助睡眠。
檸檬精油	促進新陳代謝、延緩衰老現象、增強身體抵抗力、美白、淨化身體。
葡萄柚精油	幫助油性皮膚保持清潔、改善蜂窩組織和水腫。

茶樹精油	殺菌消炎、收斂毛孔、治療傷風感冒、改善經痛、使頭腦清醒、恢復活力、抗沮喪。
松樹精油	消炎、抗菌、解除鼻塞、除臭、利尿、消毒、化痰、恢復體力。
胡椒薄荷精油	增加皮膚彈性、抗老化、敏感、淡化疤痕、改善濕疹和搔癢。
綠薄荷精油	抗病毒、止痛、抗憂鬱、提神醒腦。
山雞椒精油	抗憂鬱、抗菌、收斂、殺菌、祛脹氣、殺蟲、激勵身體。
台灣檜木精油	其中的檜木醇、洛定酸、芬多精能鎮定自律神經、消炎、治肺結核、利尿消毒。
絲柏精油	抗風濕、抗菌、收斂肌膚、促進結疤、鎮靜、收縮血管。
肉桂皮精油	抗衰老、收斂肌膚、舒緩經痛、經前下腹悶滯、肌肉痙攣及風濕病、改善關節疼痛。
玫瑰天竺葵精油	抗憂鬱、防腐殺菌、收斂肌膚、利尿、除臭、止血，孕婦忌用。
玫瑰草精油	舒緩疼痛、放鬆安眠、殺菌、平衡油脂、保溼。
月桂精油	改善神經痛、肌肉痛、循環系統不暢、感冒、皮膚感染，有助於毛髮生長並清除頭皮屑。
廣藿香精油	鎮靜、催情、滋補、收斂消炎、抗菌、促進傷口癒合，除臭、促進細胞新陳代謝。

2-5 冷製皂法的流程

在對各種材料有基本認識後，接下來要分享配方公式的「鹼量計算」方法。

鹼量的精算有如學會一門武功前，必須要先會蹲馬步，馬步紮得愈穩武功愈能精進；計算是否精準，對於一鍋皂成功與否扮演著一個重要的角色。

由於每個人適合的配方均不相同，在設計配方前可以先設定一個目標，例如：「我想做洗起來是清爽的夏皂」、「這個皂要給孩子使用」、「敏感肌膚專用皂」或是「我要清潔去角質」，一旦設定好目標，就可以依油脂的特性去進行分配植物油的比例。

預估總油重後分配各種油脂的比例

例如：總油重 900g；椰子油 20%、橄欖油 30%、紅棕櫚油 20%、小麥胚芽油 10%、甜杏仁油 20%，直到總比例達 100% 為止。

依照比例換算：椰子油為總油重 900g*20% =180g，其他油品依此類推為橄欖油 270g、紅棕櫚油 180g、小麥胚芽油 90g、甜杏仁油 180g。利用各種油的皂化價計算所需鹼水量（氫氧化鈉 + 純水），請先準備紙筆、計算機，盡量能複算兩三次以免計算錯誤而做皂失敗，公式如下：

> （A 油重量 *A 油鈉皂化價）+（B 油重量 *B 油鈉皂化價）+（C 油重量 *C 油鈉皂化價）= 所需氫氧化鈉總量

接續以上範例所計算出來的結果為：

（椰子油 180g*0.19）+（橄欖油 270g*0.134）+（紅棕櫚油 180g*0.142）+（小麥胚芽油 90g*0.131）+（甜杏仁油 180g*0.136）= 所需氫氧化鈉總量為 132.3g

水量的計算方式

水量的計算方式比較彈性，除了特殊的配方外，一般來說水量為氫氧化鈉重量

的 2.4 ～ 2.5 倍。水分多一點，所需的脫模以及晾皂時間就得長一點。

承上範例，所需氫氧化鈉量 132.3g*2.4 倍水 =317.52g 的所需水量（可以四捨五入至個位數）。

現在我們得知，範例配方總油重 900g；椰子油 20%、橄欖油 30%、紅棕櫚油 20%、小麥胚芽油 10%、甜杏仁油 20%，所需氫氧化鈉 132.3g，所需水量為 317.52g ！

硬度的計算方式

油品的 INS 值為手工皂硬度的參考數值，可以當作「成皂後輔佐數值」。一般來說，適中的軟硬數值介於 120 ～ 170 之間，以此標準做出的手工皂，可以有比較理想的軟硬度。計算公式如下：

> （A 油占總油重的百分比 *A 油 INS 值）+（B 油占總油重的百分比 *B 油 INS 值）+（C 油占總油重的百分比 *C 油 INS 值）= 成皂 INS 值

初學者可以省略上面繁瑣計的算方式，先依照書中配方作皂，一邊作皂一邊摸索適合自己的油品配方，等稍微熟悉後再回頭來寫配方。一方面能降低因不了解油品特性而產生失敗配方的機率，另一方面可以從書中找出自己喜歡的皂款配方，再稍加改編成更適合自己的貼身手工皂！

接下來，要開始進入「冷製皂法」的步驟囉！

STEP1. 準備鹼水

在通風的環境下量好所需的低溫純水（或冰）跟氫氧化鈉，將氫氧化鈉慢慢倒入裝有純水的不鏽鋼杯中，攪拌到鹼粒完全溶解（大約要攪動 50 圈）。此時已經加入氫氧化鈉的鹼水會放出大量的熱量及蒸汽，可能導致灼傷、嗆傷，所以請務必戴手套以及口罩融鹼（或是在有抽風機的環境下開啟抽風），並隨時提高警覺、觀察變化！

STEP 2. 混和植物油

在不鏽鋼鍋裡加入各種比例的油脂。如果有硬油或是會冬化的油可以先隔水加熱（油溫請保持在 40 度左右），等油融化後熄火，再加入其他軟植物油。

STEP 3. 油鹼混和

待油溫與鹼溫都降至 30 度以下（等待時間因環境氣溫而異，如太高溫建議可準備大一點外鍋的另放置冰塊水，加速作業），油溫與鹼水溫度相差不要超過攝氏 10 度，才可以開始進行油鹼混和。

將鹼液慢慢倒入鍋內，一邊用攪拌棒輕輕攪拌。

STEP 4. Trace（痕跡反應／皂化反應）

攪拌的時間會因個人手法及環境溫度而不同，建議由外緣以順時鐘或逆時鐘方向擇一，漸進入內畫圈攪拌，再漸進往外，以此類推反覆進行。

要判別皂液是否已經充分地油鹼混和，有個簡單的方法；當皂液逐漸濃稠到可以畫出痕跡（Trace），且痕跡可暫留在皂液表面約 5 ～ 10 秒，就代表皂液已經充分地油鹼混和完成。Trace 有分 Light Trace（L.T，輕微痕跡）、Trace 以及 Over Trace（O.T，濃稠痕跡）三種不同階段。

STEP 5. 加入添加物

如果有準備添加各類添加物（精油、蔬果、花草粉、食材、中藥、礦泥粉等），在 Light Trace（輕微痕跡）反應時就可以將量好（一般計算方式不超過總油重的 5％）的花草粉添加入皂液中，持續攪拌至均勻為止。

STEP 6. 入模

在準備工作時先決定好要入的模具；單模、吐司模、渲染模、環保皂模……無論使用哪種模具均要清潔過並瀝乾，最好使用前能噴些酒精消毒，之後再將攪拌

均勻的皂液倒入模具中，準備入保麗龍盒裡保溫。

STEP 7. 保溫持續皂化

　　將盛有皂液的模具放入保麗龍裡保溫，每種皂所需的保溫時間不盡相同，一般建議至少要保溫 24 小時較能充分完成皂化。如家裡有現成的保溫箱，亦可放入保溫箱裡保溫。保溫的目的是為了讓皂液不暴露在冷空氣中失溫而造成皂化失敗。乳皂因會自然升溫，故無需保溫。

　　在保溫箱中的皂液經過升溫皂化後，此時溫度有機會升至攝氏 60 ～ 80 度左右（請勿常翻開蓋子以免失溫）。

STEP 8. 脫模

　　當升溫的皂液逐漸降溫凝固，在 24 ～ 36 小時後即可脫模，然後切皂、晾皂，靜置 30 ～ 45 天後就可以使用囉！晾皂時盡量讓皂與皂之間保持通風的距離。

STEP 9. 熟成

　　當晾皂 30 ～ 45 天後，可稍加檢查皂體本身的乾濕度；如果以手觸摸發現還有潮溼感，建議再多晾個幾天；其實皂液剛入模升溫後，在 78 小時內就已完成了皂化，晾皂是為了讓皂裡的水分蒸發，讓皂體本身不潮溼易保存。包皂時要選大晴天的日子，因為根據經驗，在空氣濕度愈低的日子裡所包出的皂，愈能經得起時間的考驗，不容易酸敗。

　　最後，在皂熟成時該如何確定是顆安全、已經可以使用的皂？有個很簡單方式：購買測試 PH 值的試紙，在皂表面滴水並搓出泡沫，接著用試紙測試酸鹼值，當數值小於 9 ～ 8 以內則表示已經是顆弱鹼且有清潔力的成熟皂，方可使用。

Part 2
JJ的私房冷製手工皂

　　在介紹過各種油品種類及製皂過程後，終於要開始動手做手工皂囉！

　　工具、油品、添加物、氫氧化鈉都準備好了嗎？攪皂的過程因為有使用到氫氧化鈉，建議幼童不宜在身旁參與。油品混和好、氫氧化鈉融成鹼水後，請再次檢查所需的重量是否正確，如果有疑慮可以先稍等一下，往前再複習一次會發生以及經過的程序。

　　做好準備的朋友們請深呼吸，我們開始攪皂吧！

CHAPTER 3

敏感肌膚／親愛寶貝系列

薰衣草乳木馬賽皂
Lavender & Shea Butter Marseille Soap

....

澳胡乳木滋潤皂
Macadamia & Shea Butter Nourishment Soap

....

甜乳酪
Sweet Almond, Shea Butter with Avocado Soap

....

寶貝舒緩親膚皂（皂邊利用法）
Red Palm Baby Bath Soap

薰衣草乳木馬賽皂
Lavender & Shea Butter Marseille Soap

馬賽皂絕對是萬年不敗經典款！JJ為了沐浴時能同時擁有保水滋潤感以及舒服放鬆的香氣，所以先用薰衣草加入冷壓初榨橄欖油，冷浸泡三個月後再來做皂。

用浸泡油入皂有個很大的好處：一般傳統橄欖油皂所需的皂化時間非常冗長，但浸泡油因為有了花草添加物，能大大地縮減皂化時間。所以對於需長時間Trace的配方皂，如果沒有很多時間可以慢慢攪皂的朋友，建議可以用各類花草浸泡橄欖油來取代純橄欖油入皂，減短攪皂時間喔！

材料
總油重900g／成皂總重量1350g

A 鹼水

◆氫氧化鈉 120g
◆純水 290g

B 油品

◆棕櫚油 126g（14%）
◆乳油木果脂 126 g（14%）
◆薰衣草浸泡橄欖油 648g（72%）

C 添加物

◆複方精油（請於作皂前兩周調好，可靜置使香味更融合，如急用的話須於前晚調好。）

＊真正薰衣草精油 200 滴
＊廣藿香精油 10 滴
＊甜橙精油 90 滴

保濕度｜高
起泡度｜稍弱
INS 值｜115
適　用｜敏感～中性膚質

＊洗後肌膚鎖水、保濕滋潤，全家人適用。

薰衣草浸泡橄欖油。

作法

①事先準備好所需的純水製成冰，以及量好所需的氫氧化鈉融成鹼水，將氫氧化鈉慢慢倒入盛有冰塊的不鏽鋼杯中，攪拌至鹼粒完全溶解。

②在不鏽鋼鍋裡加入乳油木果脂，可隔水加熱或用電磁爐定溫加熱融化（油溫請保持在 40 度以內），待硬油融化後離爐降溫，再加入其他比例的軟油（棕櫚油、薰衣草浸泡橄欖油）。

③在油溫與鹼溫相差不超過攝氏 10 度的情況下，將鹼液慢慢倒入鍋內，一邊用攪拌棒輕輕攪拌。

④持續攪拌直到皂液逐漸濃稠到可以畫出痕跡（Trace）後，添加混和好的複方精油，繼續攪拌均勻後入模。

⑤將盛有皂液的模子放入保麗龍裡保溫，馬賽皂約 18 ～ 24 個小時左右即會皂化完成。如家裡有現成保溫箱，亦可放入保溫箱裡保溫，保溫箱中的皂液經過升溫皂化，此時溫度有機會升到近攝氏 60 ～ 80 度左右（請勿常翻開蓋子以免失溫）。

⑥ 因為此配方含有乳油木果，會讓皂體比較容易堅硬，所以大約 24 小時後即可以脫模，然後切皂、晾皂，靜置 30 ～ 45 天後就可以使用囉！晾皂時盡量讓皂與皂之間保持通風。

Step 1.

Step 2.

Step 6.

小祕訣：

　　橄欖油中的不飽和脂肪酸含量可高達 80%，所以質地清爽，很容易被皮膚吸收，相對地也很容易產生酸敗的現象，選購油品時除了要審選有品質的商號外，JJ 也選擇搭配棕櫚油、乳油木果脂，因為這兩種油富含大量的硬脂酸，可以更安定皂體且不易氧化、延長保存。

　　自行搭配油品時建議可以選擇含有月桂酸、肉荳蔻酸、棕櫚酸、硬脂酸、辛酸和葵酸的植物油來搭配橄欖油，能輕易就做出清潔力溫和且耐用的馬賽皂囉！

Step 3.

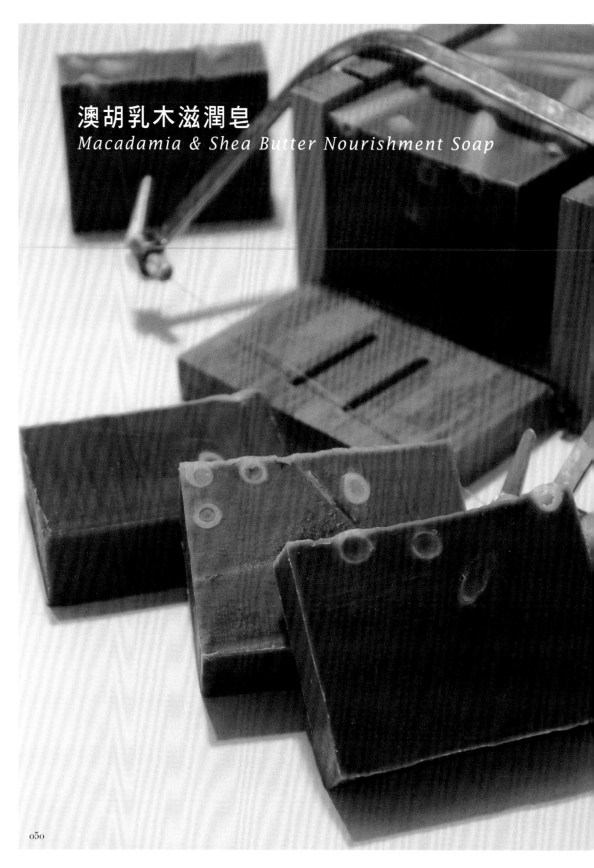

澳胡乳木滋潤皂
Macadamia & Shea Butter Nourishment Soap

會寫「澳胡乳木滋潤皂」此配方，是大約在開始作皂後的一年半。當時是夏轉秋的季節，因為 JJ 本身也是個換季型過敏體質者，無論夏轉冬或冬轉夏，皮膚總是會搔癢、起紅疹甚至輕微脫皮，在愈來愈了解各種油品特性後，知道了澳洲胡桃油可以在季節更替時舒緩皮膚過敏，也因為秋冬之際皮膚需要更加滋潤鎖水而搭配了乳油木果脂，就成了此款一上架就非常受注目的手工皂。

材料

總油重 900g ／成皂總重量 1350g

A 鹼水

◆氫氧化鈉 132g
◆檜木水 317g

B 油品

◆椰子油 180g（20%）
◆棕櫚油 180g（20%）
◆澳洲胡桃油 270g（30%）
◆乳油木果脂 180g（20%）
◆紫草根橄欖油 90g（10%）

C 添加物

◆複方精油（請於作皂前兩周調好，可靜置使香味更融合，如急用的話須於前晚調好。）

* 臺灣檜木精油 80 滴
* 真正薰衣草精油 100 滴
* 檸檬精油 15 滴
* 迷迭香精油 70 滴
* 胡椒薄荷精油 30 滴
* 廣藿香精油 5 滴
* 絲柏精油 5 滴

◆黃色皂邊 80g

保濕度｜中高
起泡度｜稍弱
INS 值｜**150**
適　用｜敏感～中性膚質

＊在換季乾癢時讓肌膚保濕滋潤，特別適合老人與小孩。

作法

①事先準備好所需的檜木水製成冰，量好所需的氫氧化鈉融成鹼水，將氫氧化鈉慢慢倒入盛有檜木冰塊的不鏽鋼杯中，攪拌到鹼粒完全溶解。

②在不鏽鋼鍋裡加入硬油（乳油木果脂、冬化的椰子油、棕櫚油），可隔水加熱或用電磁爐定溫加熱融化（油溫請保持在 40 度以內），待硬油融化後離爐降溫，並加入其他比例軟油（澳洲胡桃油、橄欖油）後備用。

③待油溫與鹼溫都降至攝氏 20 ～ 30 度後，將鹼液慢慢倒入鍋內，一邊用攪拌棒輕輕攪拌；並準備好吐司模以及 80g 黃色皂邊放入吐司模備用。

④此款皂比較容易 Trace，所以須注意。一旦皂液逐漸濃稠到可以畫出淡淡的痕跡後，就要加快速度添加入混和好的複方精油，繼續攪拌均勻後入模。

⑤將盛有皂液的模子放入保麗龍裡保溫，約 12 ～ 24 個小時左右即會皂化完成。保溫箱中的皂液經過升溫皂化，此時溫度有機會升到近攝氏 60 ～ 80 度左右（請勿常翻開蓋子以免失溫）。

⑥待皂完全降溫後，再靜置 2 ～ 3 個鐘頭即可脫模，然後切皂、晾皂 30 ～ 45 天後就可以使用囉！晾皂時盡量讓皂與皂之間保持通風。

小祕訣：

「澳湖乳木滋潤皂」的特色是改善季節更替時的皮膚乾癢，秋冬更替時節使用最適合！

乳油木果脂最舒適的洗感為成皂後的 3～6 個月，JJ 建議可以在夏季時就先攪好一兩鍋皂來過冬喔！

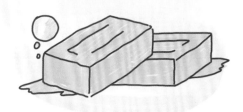

甜乳酪

Sweet Almond, Shea Butter with Avocado Soap

　　「甜乳酪」的前身是「甜杏仁酪梨皂」，但由於甜杏仁與酪梨兩款油的滋潤度高，會使皂體偏軟，所以 JJ 一直思量著該怎麼做調整？當皂體偏軟時有幾個處理方式：一是提高椰子油比例，但又希望仍保有酪梨油柔軟肌膚、補水的好處，因此不應該再拉高椰子油的比例來削減滋潤度；二是加入天然花草粉，不過 JJ 也希望此款皂能原汁原味地呈現素皂之美，也就不考慮這個選項；三則是選用富含滋潤特性的硬油──「乳油木果脂」或是「可可脂」，正在煩惱該選用哪款植物油時，腦子閃過一個想法，既然是孩童柔嫩肌膚的專用皂，就該有個可愛的名字「甜乳酪」，拍案定讞就用了「乳油木果脂」這款符合主題的植物油！

材料

總油重 900g ／成皂總重量 1341.6g

A 鹼水

◆氫氧化鈉 129g

◆純水 312g

B 油品

◆椰子油 180g（20%）

◆乳油木果脂 180g（20%）

◆甜杏仁油 270g（30%）

◆未精緻酪梨油 270g（30%）

C 添加物

◆複方精油（請於作皂前兩周調好，可靜置使香味更融合，如急用的話須於前晚調好。）

＊馬鞭草精油 100 滴

＊真正薰衣草精油 100 滴

＊葡萄柚精油 100 滴

保濕度｜高

起泡度｜稍弱

INS 值｜**133.6**

適　用｜幼兒、乾性、敏感性、缺水、濕疹肌膚

作法

① 事先準備好所需純水製成冰，量好所需的氫氧化鈉融成鹼水；將氫氧化鈉慢慢倒入盛有冰塊的不鏽鋼杯中，攪拌到鹼粒完全溶解。

② 在不鏽鋼鍋裡加入硬油（乳油木果脂、冬化的椰子油），可隔水加熱或用電磁爐定溫加熱融化（油溫請保持在 40 度以內），待硬油融化後離爐降溫、加入其他比例軟油（甜杏仁油、未精緻酪梨油）備用。

③ 待油溫與鹼溫都降至攝氏 20 ～ 30 度後，將鹼液慢慢倒入鍋內，一邊用攪拌棒輕輕攪拌。

④ 為了做出細緻觸感的皂體，在攪拌過程中盡量輕柔且減少製造出氣泡。一旦皂液逐漸濃稠，可以畫出淡淡的痕跡後，添加入混和好的複方精油，繼續攪拌均勻後入模。

⑤ 將盛有皂液的吐司模放入保麗龍裡保溫，約 12 ～ 24 個小時左右即會皂化完成。請記得一定要保溫且不要經常翻蓋子查看，保溫箱中的皂液經過升溫皂化，此時溫度有機會升到攝氏 60 ～ 80 度左右，如果有果凍現象更好，表示這條皂將會成功皂化。

⑥ 待皂完全降溫後，再靜置 2 ～ 3 個鐘頭即可脫模，然後切皂、晾皂 30 ～ 45 天後就可以使用囉！晾皂時盡量讓皂與皂之間保持通風。

Step 1.

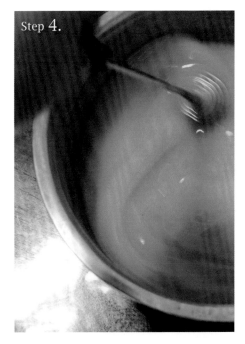

Step 4.

Step 5.

Step 6.

小祕訣：

　　精油也可以用甜橙或是檸檬精油取代葡萄柚精油、尤加利精油取代馬鞭草精油，不過因為這顆皂是專給敏感肌膚或是小寶貝洗的皂，精油建議選擇偏向溫和帶香甜氣味的比較適合喔！

寶貝舒緩親膚皂（皂邊利用法）
Red Palm Baby Bath Soap

因為手邊剛好有些之前作皂後剩餘的皂邊，而這款皂的使用對象主要是孩童，所以這次就來做能吸引孩童注意的可愛皂吧！當然皂邊的顏色愈豐富愈好！

紅棕櫚油富含胡蘿蔔素，對於修復傷口及柔軟肌膚都有很明顯的幫助，我家的小女兒皮膚特別容易過敏，常常出現紅疹搔癢的情況，抓得到處都是傷口；使用這款皂的三個月後，很明顯地改善紅疹搔癢的狀況，皮膚也慢慢地恢復健康，不再因為搔癢而睡不好覺！

材料

總油重 800g ／皂邊 100g ／成皂總重量 1303g

A 鹼水

◆氫氧化鈉 118g
◆純水 284g

B 油品

◆椰子油 160g（20%）
◆紅棕櫚油 240g（30%）
◆甜杏仁油 240g（30%）
◆蓖麻油 80g（10%）
◆小麥胚芽油 80g（10%）

C 添加物

◆複方精油（請於作皂前兩周調好，可靜置使香味更融合，如急用的話須於前晚調好。）

＊真正薰衣草精油 100 滴
＊尤加利精油 100 滴
＊迷迭香精油 90 滴
＊廣藿香精油 30 滴

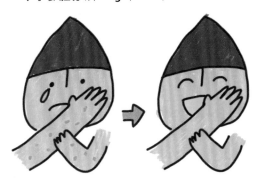

保濕度｜高
起泡度｜中等
INS 值｜141
適　用｜幼兒、敏感性、
　　　　搔癢、濕疹肌膚

作法

①事先準備好所需的純水製成冰，以及量好所需的氫氧化鈉融成鹼水，將氫氧化鈉慢慢倒入盛有冰塊的不鏽鋼杯中，攪拌至鹼粒完全溶解。
另外將 100g 皂邊放入吐司模中備用。

②在不鏽鋼鍋裡加入硬油（冬化的椰子油），可隔水加熱或用電磁爐定溫加熱融化（油溫請保持在 40 度以內），待硬油融化後離爐降溫、加入其他比例軟油備用。

③待油溫與鹼溫都降至攝氏 20 度以下，將鹼液慢慢倒入鍋內，一邊用攪拌棒輕輕攪拌。

④因此款皂 Trace 速度快，故需降低油鹼溫度以爭取更多的攪拌時間，防止「假皂化」；一旦皂液逐漸濃稠到可以畫出淡淡的痕跡後，加入混和好的複方精油，繼續攪拌均勻後入吐司模，同時用刮刀與模裡的皂邊攪拌融合。

⑤在保麗龍裡保溫，約 12 ～ 24 個小時左右即會皂化完成。請記得一定要保溫且不要經常翻蓋子查看。保溫箱中的皂液經過升溫皂化，此時溫度有機會升到近攝氏 60 ～ 80 度左右，如果有果凍現象更好，表示這條皂將會成功皂化。

⑥待皂完全降溫後，再靜置 4 ～ 5 個鐘頭即可脫模，然後切皂、晾皂 30 ～ 45 天後就可以使用囉！晾皂時盡量讓皂與皂之間保持通風。

Step 1.

Step 2.

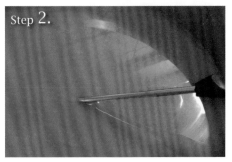

Step 4.

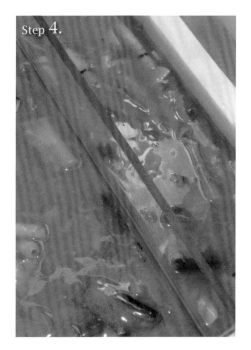

Step 6.

小祕訣：

　　「寶貝舒緩親膚皂」也很適合以鮮乳代替純水融鹼入皂！另外在皂邊的顏色選擇上應避開跟皂液相近的黃色。晾皂的過程中也儘量避開太陽，因為陽光會使紅棕櫚油中的天然色素加速褪去。同樣地，如果使用的模具沾染上色素，最有效的褪色方式就是曬太陽，通常只要一個下午的陽光，就能讓模具恢復原本的顏色囉！

CHAPTER 4

纖纖秀髮／呵護髮皂系列

綠啤酒薄荷髮皂
Mint Heineken Beer Shampoo Bar

···

肉桂滋養髮皂
Cinnamon Moisturizing Hair Shampoo Bar

綠啤酒薄荷髮皂
Mint Heineken Beer Shampoo Bar

JJ 高中時很喜歡拿爸爸的啤酒來洗髮，當時民間有個不可考的傳說——「長期用啤酒洗髮可以讓髮色變成咖啡色」。洗著洗著雖然沒變成咖啡色，但髮質卻出奇地變得閃亮柔順！開始接觸手工髮皂後才慢慢知道，原來啤酒裡的酵母與蛋白質，能夠使頭髮的毛鱗片柔順且不容易糾結，又因為對於此品牌的啤酒有所偏好，索性就拿來當水相入皂！

回憶起第一次嘗試啤酒入皂，結果在非常驚慌的速 T、假皂化之下，以失敗收場。後來經過多方嘗試，終於發現了這個優雅且穩定的成功流程，朋友們！請一步步緊跟著 JJ 的步驟，就可以做出一鍋成功又好洗的「綠啤酒薄荷髮皂」囉！

材料

總油重 900g ／成皂總重量 1356.3g

A 鹼水

◆氫氧化鈉 **134.2g**
◆海尼根啤酒 **222g**（「所需水量」的 **60% ～ 70%**）

B 油品

◆薄荷浸泡橄欖油 **135g**（**15%**）
◆椰子油 **225g**（**25%**）
◆棕櫚油 **198g**（**22%**）
◆苦茶油 **180g**（**20%**）
◆蓖麻油 **90g**（**10%**）
◆乳油木果脂 **72g**（**8%**）

C 添加物

◆複方精油（請於作皂前兩周調好，可靜置使香味更融合，如急用的話須於前晚調好。）

＊快樂鼠尾草精油 100 滴
＊茶樹精油 150 滴
＊胡椒薄荷精油 50 滴

◆薄荷腦 **36g**（**4%**）
◆蕁麻葉粉 **6g**（約總油重的 **0.65% ～ 0.67%**）
◆常溫海尼根啤酒 **100g**（「所需水量」的 **40% ～ 30%**）

保濕度	高
起泡度	強
INS 值	**157**
適　用	中性、油性髮質

用煮過啤酒冰融鹼，另備室溫啤酒。

將薄荷腦搗碎。

作法

①此款皂的啤酒會分兩次入皂；第一次的啤酒用量為所需水量（用來融鹼的 2.4 倍水）的 60%～70%（計算出 222g），請先另外煮過，待酒精揮發完後製成冰（煮完後秤重為準），將氫氧化鈉慢慢倒入盛有冰塊的不鏽鋼杯中，攪拌至鹼粒完全溶解。

②在不鏽鋼鍋裡加入硬油（冬化的椰子油），讓油溫保持在 40 度以內加熱融化，待硬油融化後離爐降溫，再加入其他比例的軟油、搗碎薄荷腦與蕁麻葉粉，稍微攪拌後備用。另備一杯 100g（所需水量的 40%～30%）、未煮過的常溫啤酒待用。

③待油溫與鹼溫都降至攝氏 20 度左右，且不鏽鋼鍋裡備好的油與薄荷腦完全融化後（約 40～60 分鐘），將鹼液慢慢倒入鍋內，一邊用攪拌棒輕輕攪拌。

④攪拌過程中隨時注意皂 Trace 的程度，一旦皂液逐漸濃稠到可以畫出淡淡的痕跡後，立即加入混和好的複方精油繼續攪拌均勻。

⑤緊接著慢慢倒入常溫啤酒（此時會快速地 O.T），仍需觀察是否攪拌均勻而後入模。

⑥將盛有皂液的模子放入保麗龍裡保溫，約 12～24 個小時左右即會皂化完成。請記得一定要保溫且不要經常翻蓋子查看，保溫箱中的皂液經過升溫皂化，此時溫度有機會升到近攝氏 60～80 度左右，如果有果凍現象更好，表示這條皂將會成功皂化。

⑦待皂完全降溫後，再靜置 2～3 個鐘頭即可脫模，然後切皂、晾皂 30～45 天後就可以使用囉！晾皂時盡量讓皂與皂之間保持通風。

Step 1.

Step 2.

Step 3.

Step 4.

Step 5.

Step 6.
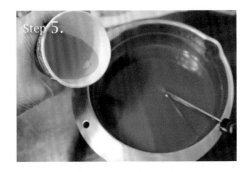

Step 7.

小祕訣：

蕁麻葉粉也可以用對髮絲有益的
「何首烏粉」代替；不嫌麻煩的話，
可以分兩鍋打成蕁麻葉粉與何首烏粉
做分層皂，一皂兩效也不錯喔！

肉桂滋養髮皂
Cinnamon Moisturizing Hair Shampoo Bar

　　月桂籽油有個讓人眼睛為之一亮的功效──「改善落髮」，讓 JJ 想起當初踏入皂海，目的就是為了要做出顆好髮皂，讓髮絲們能乖乖留在腦袋上！也不能讓這麼棒的油只做洗澡用的皂。有了這想法後便開始構思該怎麼搭配精油？第一個就決定了「月桂精油」，因為它有「刺激毛髮生長」、「清除頭皮屑」的特性，另外再加上「肉桂精油」的「收斂皮膚」功用，就這樣，一款能夠刺激毛髮生長、收斂皮膚的高人氣髮皂誕生！

　　這篇示範的做法為「冷製」加「熱製」的合體皂作法，過程有一點點繁複，建議先做一條不含添加物蕁麻葉粉且已熟成的「肉桂滋養髮皂」（約 200g），切成丁狀後入電鍋蒸（熱製）約 30 分鐘，在入電鍋蒸皂時就得開始準備下面的材料攪皂囉！如果不想做太複雜的變化也可以跳過上面蒸皂熱製的過程，直接攪一鍋超人氣髮皂！

材料

總油重 700g ／成皂總重量 1256.3g（另加熱製皂 200g）

A 鹼水

◆氫氧化鈉 104.8g
◆純水 252g

B 油品

◆月桂籽油 84g（12%）
◆橄欖油 70g（10%）
◆椰子油 161g（23%）
◆棕櫚油 161g（23%）
◆苦茶油 175g（25%）
◆蓖麻油 49g（7%）

C 添加物

◆複方精油（請於作皂前兩周調好，可靜置使香味更融合，如急用的話須於前晚調好。）

＊肉桂皮精油 200 滴
＊月桂精油 50 滴

◆薄荷腦 28g（4%）
◆蕁麻葉粉 2.5g（約總油重的 0.33% ～ 0.35%）

保濕度｜高
起泡度｜佳
INS 值｜142.2
適　用｜中性髮質

作法（冷製＋熱製）

① 事先準備好所需的純水製成冰，以及量好所需的氫氧化鈉，將氫氧化鈉慢慢倒入盛有冰塊的不鏽鋼杯中，攪拌至鹼粒完全溶解。

② 將 200g 皂切丁入電鍋蒸煮，不攪拌。

③ 在不鏽鋼鍋裡加入硬油（冬化的椰子油），以油溫保持在 40 度以內加熱融化，待硬油融化後離爐降溫，再加入其他比例軟油、搗碎之薄荷腦、蕁麻葉粉，稍作攪拌後備用。

④ 待油溫與鹼溫都降至攝氏 20 度左右，不鏽鋼鍋裡備好的油以及薄荷腦完全融化後（約 40 ～ 60 分鐘），將鹼液慢慢倒入鍋內，一邊用攪拌棒輕輕攪拌。

⑤ 攪拌過程中隨時注意皂 Trace 的程度，一旦皂液逐漸濃稠到可以畫出淡淡的痕跡後，立即加入混和好的複方精油繼續攪拌均勻。

⑥ 先將一半的皂液直接入模。

⑦ 取出電鍋裡熱製過的皂丁輕放入模。

⑧ 再將剩餘皂液倒入模子中，輕敲讓冷熱製皂融合以及讓氣泡儘量浮出。

⑨ 將盛有皂液的模子放入保麗龍裡保溫，約 12 ～ 24 個小時左右即會皂化完成。請記得一定要保溫且不要經常翻蓋子查看，保溫箱中的皂液經過升溫皂化，此時溫度有機會升到近攝氏 60 ～ 80 度左右，如果有果凍現象更好，表示這條皂將會成功皂化。

⑩ 待皂完全降溫後，再靜置 2 ～ 3 個鐘頭即可脫模，然後切皂、晾皂 30 ～ 45 天後就可以使用囉！晾皂時盡量讓皂與皂之間保持通風。

Step 1.

Step 2.

Step 3.

Step 6.

Step 7.

Step 8.

小祕訣：

　　會有熱製皂＋冷製皂的想法，其實是希望切出來的皂丁不要有太尖銳的角，如果包覆在冷製皂的中間也能做出另一番風味的分層皂。

　　通常熱製皂可以選擇以熟成、用不完的皂來加工，入電鍋煮的時間約 30 ～ 40 分鐘，記得不要翻攪。

　　掌握好皂液 Trace 可以入模時間，搭配熱騰騰半融的切丁皂，是成功的關鍵。

CHAPTER 5

去角質系列

洋甘菊核桃去角質皂（核果入皂）
Chamomile Walnut Exfoliant Soap

....

輕鹽潔膚皂（回鍋渲）
Gentle Pink Himalayan Salt Soap

....

絲瓜絡去角質皂
Loofah Sponge Scrub Soap

洋甘菊核桃去角質皂（核果入皂）
Chamomile Walnut Exfoliant Soap

清爽保濕的油品做成皂，加上一些洋甘菊花粉，不僅可以緩解過敏，如果適度地添加核桃微粒，更可讓敏感肌膚的朋友也能安心地去角質。在夏天易出汗、囤積角質的季節裡，做些「洋甘菊核桃去角質皂」來清潔毛孔，真是最享受的選擇了！

材料

總油重 900g ／成皂總重量 1343g

A 鹼水

◆氫氧化鈉 130g
◆絲瓜水 312g

B 油品

◆椰子油 180g （20%）
◆棕櫚油 225g （25%）
◆米糠油 360g （40%）
◆甜杏仁油 135g （15%）

C 添加物

◆複方精油（請於作皂前兩周調好，可靜置使香味更融合，如急用的話須於前晚調好。）

＊檸檬精油 50 滴
＊尤加利精油 50 滴
＊迷迭香精油 50 滴
＊薄荷精油 30 滴
＊山雞椒精油 50 滴

◆核桃去角質粉 15g（總油重的 1.5% ～ 2%）
◆洋甘菊花粉 6g（總油重約 0.65% ～ 0.67%）

清潔度｜高
起泡度｜佳
INS 值｜130.4
適用膚質｜皆可

備好核桃去角質粉。

作法

① 事先準備好所需的絲瓜水製成冰，將氫氧化鈉慢慢倒入盛有冰塊的不鏽鋼杯中，攪拌到鹼粒完全溶解。

② 在不鏽鋼鍋裡加入所有油品，如有硬油需先以油溫保持在 40 度以內加熱融化，待硬油融化後離爐降溫、加入其他比例軟油、洋甘菊花粉攪勻備用。

③ 待油溫與鹼溫都降至攝氏 20 度左右，將鹼液慢慢倒入不鏽鋼鍋裡備好的油，一邊用攪拌棒輕輕攪拌。

④ 攪拌過程中隨時注意皂 Trace 的程度，一旦皂液逐漸濃稠到可以畫出淡淡的痕跡後，立即加入混和好的複方精油繼續攪拌均勻；在皂液更濃稠時即可加入核桃去角質粉，攪拌均勻後再輕輕倒入模子中。

⑤ 將盛有皂液的模子放入保麗龍裡保溫，約 12 ～ 24 個小時左右即會皂化完成。請記得一定要保溫且不要經常翻蓋子查看。保溫箱中的皂液經過升溫皂化，此時溫度有機會升到近攝氏 60 ～ 80 度左右，如果果凍現象更好，表示這條皂將會成功皂化。

⑥ 待皂完全降溫後，再靜置 2 ～ 3 個鐘頭即可脫模，然後切皂、晾皂 30 ～ 45 天後就可以使用囉！晾皂時盡量讓皂與皂之間保持通風。

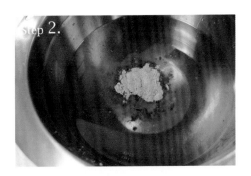

Step 2.

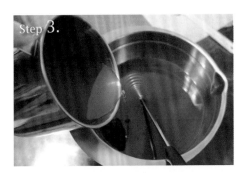

Step 3.

Step 4.

小祕訣：

　　核桃去角質粉需要在皂液有明顯 Trace 時才能加入，這是因為濃稠的皂液比較能包覆有重量的核桃去角質粉，不會在入模後的皂化時間裡有機會下沉，成皂後也能均勻散布在整顆皂裡。

複方精油。

輕鹽潔膚皂（回鍋渣）
Gentle Pink Himalayan Salt Soap

一般鹽皂中鹽的比例大約在 40% ～ 50%，對於皮膚的清潔力非常強，JJ 試著改良一下，做出「輕感」的去角質鹽皂，將鹽的比例降至 30% 內，其中的 10% 融入水裡當「水相」取其清潔力，減少對皮膚質直接的破壞力。

在植物油的選用上也盡量拉高一些些滋潤油品的比例，讓對鹽皂有恐懼的嬌嫩美女們也可以安心地使用喔！

材料
總油重 900g ／成皂總重量 1437g

A 鹼水
◆ 氫氧化鈉 158g
◆ 玫瑰鹽水 379g

B 油品
◆ 椰子油 675g （75%）
◆ 甜杏仁油 135g （15%）
◆ 蓖麻油 90g （10%）

C 添加物
◆ 複方精油（請於作皂前兩周調好，可靜置使香味更融合，如急用的話須於前晚調好。）

* 玫瑰天竺葵精油 50 滴
* 玫瑰草精油 50 滴
* 薰衣草精油 100 滴
* 葡萄精油 50 滴

◆ 喜馬拉雅山玫瑰細鹽 135g （總油重的 15%）
◆ 喜馬拉雅山玫瑰鹽 45g（總油重的 5%）融水相
◆ 紅麴粉 3g（約總油重的 0.33% ～ 0.35%）

保濕度｜高
起泡度｜佳
INS 值｜217.6
適　用｜中性～油性膚質

預備過篩的紅麴粉與玫瑰細鹽。

作法

①先將 45g 喜馬拉雅山玫瑰鹽溶於水後製成冰塊，再將氫氧化鈉慢慢倒入盛有玫瑰鹽冰塊的不鏽鋼杯中，攪拌到鹼粒完全溶解。

②在不鏽鋼鍋裡加入所有油品，如有硬油需先以油溫保持在 40 度以內加熱融化，待硬油融化後離爐降溫，再加入其他比例軟油備用。

③待油溫與鹼溫都降至攝氏 30 ～ 40 度左右，將鹼液慢慢倒入不鏽鋼鍋裡備好的油，一邊用攪拌棒輕輕攪拌。

④攪拌過程中隨時注意皂 Trace 的程度，一旦皂液逐漸濃稠到可以畫出淡淡的痕跡後，立即加入混和好的複方精油繼續攪拌均勻；待皂液更濃稠時即可加入喜馬拉雅山玫瑰細鹽 135g。

⑤分出 500C.C 皂液至矽膠量杯（或有嘴的量杯），拌入過篩的紅麴粉且攪拌均勻。

⑥接著倒回原本的不鏽鋼鍋內（此法為回鍋渲），再均勻倒入模子中。

⑦將盛有皂液的模子放入保麗龍裡保溫，約 8 ～ 10 個小時左右即會皂化完成。請記得一定要保溫且不要經常翻蓋子查看，保溫箱中的皂液經過升溫皂化，此時溫度有機會升到近攝氏 60 ～ 80 度左右，如果有果凍現象更好，表示這條皂將會成功皂化。

⑧待皂完全降溫後再靜置 2 ～ 3 個鐘頭即可脫模，然後切皂、晾皂 30 ～ 45 天後就可以使用囉！鹽皂建議可以放 3 ～ 6 個月後再使用，洗感更溫潤喔！

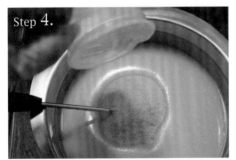

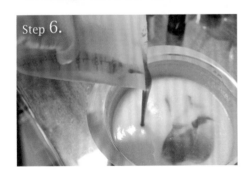

小祕訣：

鹽皂除了有「硬」這個特質外，如果切的時間掌握不好，很容易因為鹽粒在皂內而切得不好看，所以建議朋友們可以找些矽膠小造型模，皂化後直接脫模即可，避開切皂這個動作，可以讓鹽皂更完整漂亮。

絲瓜絡去角質皂
Loofah Sponge Scrub Soap

絲瓜絡是我們從小到大都知道的好物，來自於絲瓜果皮曬乾後剩下的內部網狀物，很多阿公阿嬤也很喜歡用絲瓜絡去角質。

「絲瓜絡去角質皂」的事前準備是個重要的關鍵，成皂後的美觀程度跟使用的容器有很大的關聯！JJ 曾經看過有人用冷飲的塑膠杯來裝絲瓜絡跟皂液，但大家要記住，使用塑膠容器前一定要先看是不是耐鹼的 5 號 PP 喔！

這篇 JJ 要教大家做的是有手工感的絲瓜絡皂，先把家裡的烘焙紙跟橡皮筋翻出來備用吧！

材料

總油重 900g ／成皂總重量 1350g ＋絲瓜絡重量

- ◆絲瓜絡約 80CM 長，切成 7 ～ 8 段
- ◆烘焙紙裁成 30cm*30cm，預備 7 ～ 8 張
- ◆橡皮筋數條

A 鹼水

- ◆氫氧化鈉 130g
- ◆檜木水 313g

B 油品

- ◆椰子油 180g （20%）
- ◆棕櫚油 180g （20%）
- ◆乳油木果脂 135g （15%）

- ◆甜杏仁油 225g （25%）
- ◆蓖麻油 180g （20%）

C 添加物

◆複方精油（請於作皂前兩周調好，可靜置使香味更融合，如急用的話須於前晚調好。）

＊臺灣檜木精油 80 滴
＊真正薰衣草精油 100 滴
＊松樹精油 40 滴
＊胡椒薄荷精油 50 滴
＊安息香精油 20 滴
＊絲柏精油 10 滴

保濕度	微弱
起泡度	中
INS 值	141.3
適　用	去角質

製作絲瓜絡去角質皂材料圖

作法

①先將切好段的絲瓜絡稍加整理，如果有果核都要取出。

②用裁好的烘焙紙包覆絲瓜絡，並用橡皮筋輕束，放入保麗龍裡備用。

③事先準備好所需的檜木水製成冰，與所需的氫氧化鈉融成鹼水。將氫氧化鈉慢慢倒入盛有檜木冰塊的不鏽鋼杯中，攪拌到鹼粒完全溶解。

④在不鏽鋼鍋裡加入硬油（乳油木果脂、冬化的椰子油、棕櫚油），可隔水加熱或用電磁爐定溫加熱融化（油溫請保持在 40 度以內），待硬油融化後離爐降溫，再加入其他比例軟油（甜杏仁油、蓖麻油）。

⑤待油溫與鹼溫都降至攝氏 20 ～ 30 度左右，將鹼液慢慢倒入鍋內，一邊用攪拌棒輕輕攪拌。

⑥因為含有蓖麻油以及乳油木果脂，所以此配方比較容易 Trace；必須注意，一旦皂液成 L.T（輕微痕跡），可以畫出淡淡的痕跡後，就要加快速度加入混和好的複方精油，攪拌均勻後馬上等量倒入備妥的絲瓜絡中。

⑦蓋上保麗龍蓋保溫，請記得一定要保溫且不要經常翻蓋子查看，保溫箱中的皂液經過升溫皂化，此時溫度有機會升到近攝氏 60 ～ 80 度左右。

⑧待皂完全降溫後再靜置 1 ～ 2 天即可脫模，晾皂 30 ～ 45 天後就可以使用囉！晾皂時盡量讓皂與皂之間保持通風。

Step 1.

Step 2.

Step 5.

Step 6.

小祕訣：

　　烘焙紙跟絲瓜絡的底部盡量密合包裝，皂液就不會只囤積在底部，而能均勻分散於絲瓜絡中，做出來的皂也會更勻稱好看！

Step 8.

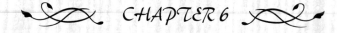

CHAPTER 6

滋養潤膚系列

甜橙咖啡可可皂
Orange Coffee & Cocoa Butter Soap

可可卡蘭賈保濕洗顏皂（特殊油品 + 渲染技法）
Cocoa Butter with Karanja Oil Hydrating Soap

漢方珍珠玉容散皂
Jade Complexion Powder Bar

左手香皂
Germproof Patchouli Body Soap

甜橙咖啡可可皂
Orange Coffee & Cocoa Butter Soap

很多人的一天都是從咖啡開始，早晨的街上總是看到人手一杯咖啡，提振精神少不了它。咖啡在日用品上經常跟清潔除臭畫上等號，因此很多皂友會利用咖啡的去漬特性來做家事皂。JJ 的老媽也非常喜愛咖啡香，為了討好她老人家，JJ 用咖啡水入皂，不但有咖啡香也可以增加油品的滋潤度，重點是洗後還能保有咕溜的潤膚感。有趣的是，「甜橙咖啡可可皂」時常還沒送到老媽的手裡就已被預訂光了，可見咖啡的魅力真的很強大！

材料

總油重 900g ／成皂總重量 1335.3g

A 鹼水

◆氫氧化鈉 128g
◆濃咖啡水 307g

B 油品

◆可可脂 180g（20%）
◆橄欖油 180g（20%）
◆米糠油 270g（30%）
◆椰子油 135g（15%）
◆棕櫚油 135g（15%）

C 添加物

◆複方精油（請於作皂前兩周調好，可靜置使香味更融合，如急用的話須於前晚調好。）

＊薰衣草精油 80 滴
＊甜橙精油 150 滴

◆深黑可可粉 6g
（約總油重的 0.65% ～ 0.67%）
◆咖啡豆粉少許

清潔度｜弱
保濕度｜佳
INS 值｜ **134.7**
適　用｜乾性膚質

作法

① 準備好所需的濃咖啡水製成冰，將氫氧化鈉慢慢倒入盛有咖啡冰塊的不鏽鋼杯中，攪拌到鹼粒完全溶解。

② 在不鏽鋼鍋裡加入所有油品，如有硬油需先以油溫保持在 40 度以內加熱融化。

③ 待硬油融化後離爐降溫，再加入其他比例的軟油，深黑可可粉攪勻備用。

④ 油溫與鹼溫都降至攝氏 25 度以下後，將鹼液慢慢倒入不鏽鋼鍋裡備好的油內，一邊用攪拌棒輕輕攪拌。

⑤ 攪拌過程中須隨時注意皂 Trace 的程度，一旦皂液逐漸濃稠到可以畫出淡淡的痕跡後，立即加入混和好的複方精油並繼續攪拌均勻。

⑥ 攪拌至濃稠狀後再輕輕倒入模子中，稍加輕敲排出多餘氣泡後，在表面輕灑一層咖啡豆研磨粉。

⑦ 將盛有皂液的模子放入保麗龍裡保溫，約 12 ～ 20 個小時左右即會皂化完成。請記得一定要保溫且不要經常翻蓋子查看，保溫箱中的皂液經過升溫皂化，此時溫度有機會升到近攝氏 60 ～ 80 度左右。

⑧ 待皂完全降溫後再靜置 2 ～ 3 個鐘頭即可脫模，然後切皂、晾皂 30 ～ 45 天後就可以使用囉！晾皂時盡量讓皂與皂之間保持通風。

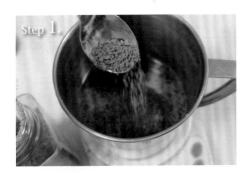

Step 1.

Step 2.

Step 3.

Step 4.

Step 6.

小祕訣：

大部分的粉類添加物都會在 L.T（輕微痕跡）時添加，但如果只有單一粉類（不做渲染、不分層時）的話，建議可以在油鹼混和前就先融入油品中，如此就有充分的時間攪拌均勻、避免粉類結粒；也可防止新手因無法控制 Trace 時間而變得手忙腳亂。

可可卡蘭賈保濕洗顏皂（特殊油品 + 渲染技法）
Cocoa Butter with Karanja Oil Hydrating Soap

　　JJ 在 2013 年的 10 月獲得一項油品的新知：原來有個強調抗老的大廠牌保養品，其成分中所添加的油品就是卡蘭賈油！於是懷著興奮的心情買進所費不貲的第一桶印度卡蘭賈油，然後在隔月首次嘗試做了這顆皂，成皂後那濃濃的草本香味讓人深深著迷，爾後所有接觸過此皂的人，也跟 JJ 一樣完全迷戀上那保濕滋潤的洗感，現在就不藏私地分享給你！

材料

總油重 900g ／成皂總重量 1354.7g

A 鹼水

◆ 氫氧化鈉 133g
◆ 絲瓜水 320g

B 油品

◆ 印度卡蘭賈油 270g（30%）
◆ 甜杏仁油 135g（15%）
◆ 椰子油 225g（25%）
◆ 棕櫚油 225g（25%）
◆ 蓖麻油 45g（5%）

C 添加物

◆ 複方精油（請於作皂前兩周調好，可靜置使香味更融合，如急用的話須於前晚調好。）

＊薰衣草精油 100 滴
＊尤加利精油 100 滴
＊廣藿香精油 30 滴
＊迷迭香精油 90 滴

◆ 深黑可可粉 3g
　（約總油重的 0.33%～0.35%）
◆ 二氧化鈦粉 3g
　（約總油重的 0.33%～0.35%）

清潔度｜中
保濕度｜佳
INS 值｜149.5
適　用｜一般膚質

作法

①準備好所需的絲瓜水製成冰，將氫氧化鈉慢慢倒入盛有冰塊的不鏽鋼杯中，攪拌到鹼粒完全溶解。

②準備兩矽膠杯（或有嘴量杯）將二氧化鈦粉倒入其中一杯，加入同等水量攪勻備用。

③在不鏽鋼鍋裡加入所有油品，如有硬油需先以油溫保持在 40 度以內加熱融化，待硬油融化後離爐降溫，再加入其他比例軟油備用。

④待油鹼溫都降至攝氏 20 度以下（因卡蘭賈油易 Trace，所以一定要低溫，也可放於冰箱冷藏稍作降溫），再將鹼液慢慢倒入鍋內，一邊用攪拌棒輕輕攪拌。

⑤攪拌過程中隨時注意皂 Trace 的程度，一旦皂液逐漸濃稠到可以畫出淡淡的痕跡後，立即加入混和好的複方精油並攪拌均勻。

⑥用矽膠杯或是有嘴量杯分出兩杯各 500C.C 皂液，一杯加入過篩的深黑可可粉後攪勻；另一杯則是加入②準備好的二氧化鈦水攪勻。

⑦ ⑦與⑧動作要一氣呵成；將鍋裡剩餘的皂液先倒入渲染用的矽膠模中，再依序倒出兩條深黑可可粉皂液、兩條拌勻的二氧化鈦皂液。

⑧用不鏽鋼筷在模子一頭畫 Z 順向到另一頭，再同樣以 Z 畫法交錯順向到另一頭。（亦可吐司模渲染，兩種顏色的皂液各倒出一條即可。）

⑨將盛有皂液的模子放入保麗龍裡保溫，約 16 ～ 20 個鐘頭左右即會皂化完成。請記得一定要保溫且不要經常翻蓋子查看，保溫箱中的皂液經過升溫皂化，此時溫度有機會升到近攝氏 60 ～ 80 度左右。

⑩待皂完全降溫後再靜置 2 ～ 3 個鐘頭即可脫模，然後切皂、晾皂 30 ～ 45 天後就可以使用囉！晾皂時盡量讓皂與皂之間保持通風。

準備工具。

Step 2.

Step 3.

Step 4.

Step 6.

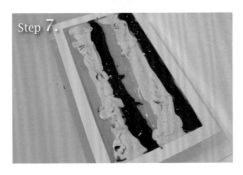

Step 7.

Step 8.

小祕訣：

　　第一次接觸渲染的朋友們難免會緊張心慌，無論渲染出的花色如何，都恭喜你跨出了第一步！其實拉出美麗渲染皂的不二法門只有一個——多加練習！當你熟練後就能控制皂液的濃稠度，再多做幾次渲染技法，相信人人都可以做出優美的渲染皂！

漢方珍珠玉容散皂
Jade Complexion Powder Bar

不論古代或現代，所有女人都熱衷於同個話題——養顏美容！歷史上流傳許多中國古代皇后、佳麗的保養秘方，最經典的就是著名的「玉容散」。玉容散是光緒六年時，清廷御醫李德立、莊守和參考金代宮廷女子洗面用的「八白散」，特別為慈禧皇太后製作的，據說每日用玉容散調成水洗臉可面如玉潤喔！

現代我們講究的是有效率的保養方式，聰明的人們就把玉容散加上珍珠粉入皂！愛美的 JJ 當然也要好好做顆「漢方珍珠玉容散皂」來保養自己，所以此款皂也是跟了我多年的私房口袋皂呢！

材料

總油重 900g ／成皂總重量 1331.2g

A 鹼水

◆ 氫氧化鈉 127g

◆ 鮮乳 304g

B 油品

◆ 椰子油 162g（18%）

◆ 棕櫚油 234g（26%）

◆ 橄欖油 315g（35%）

◆ 乳油木果脂 135g（15%）

◆ 荷荷芭油 54g（6%）

C 添加物

◆ 複方精油（請於作皂前兩周調好，可靜置使香味更融合，如急用的話須於前晚調好。）

＊ 薰衣草精油 100 滴

＊ 玫瑰天竺葵精油 50 滴

＊ 玫瑰草精油 50 滴

＊ 絲柏精油 30 滴

◆ 珍珠玉容散 6g

（約總油重的 0.65% ～ 0.67%）

清潔度｜弱

保濕度｜佳

INS 值｜140.4

適　用｜一般、敏感膚質

備好珍珠玉容散。

作法

①準備好所需的鮮奶製成冰，將氫氧化鈉分次慢慢倒入盛有冰塊的不鏽鋼杯中，攪拌到鹼粒完全溶解備用。

②在不鏽鋼鍋裡加入所有油品，如有硬油需先以油溫保持在 40 度以內加熱融化，待硬油融化後離爐降溫，再加入其他比例的軟油以及珍珠玉容散攪勻備用。

③待油溫與鹼溫都降至攝氏 20 度以下時，將鹼液過濾後，慢慢倒入鍋內，一邊用攪拌棒輕輕攪拌。

④攪拌過程中隨時注意皂 Trace 的程度，一旦皂液逐漸濃稠到可以畫出淡淡的痕跡後，立即加入混和好的複方精油攪拌均勻入模。

⑤因為鮮奶含有乳脂肪，所以乳皂入模後不需要蓋上保溫，皂液就會自動升溫進行皂化，約靜置 16 ～ 24 鐘頭，期間可觀察皂液升溫的皂化過程。

⑥待皂完全降溫後再靜置 2 ～ 3 個鐘頭即可脫模，然後切皂、晾皂 30 ～ 45 天後就可以使用囉！晾皂時盡量讓皂與皂之間保持通風。

小祕訣：

　　為避免鹼粒融乳時升溫太快而破壞了鮮乳的養分，融乳鹼時一定要多次少量地將氫氧化鈉加入冰塊乳中，每次必須充分地攪拌，讓鈉完全融鹼後才加入下一次，如果擔心升溫太快可以再加個外鍋準備冰塊水降溫。

左手香皂
Germproof Patchouli Body Soap

　　JJ最常被問到關於手工皂的「療效」問題，其實手工皂最大功能就是溫和清潔；想想看，只停留在身體表面不過短短數分鐘，如果說有即時療效那絕對是無稽之談！但是日積月累下來，這樣無化學的清潔方式可說對肌膚益處多多

　　本篇要添加的植物是左手香，這個在臺灣遍地都可隨手捻來的花草，尤其老人家最喜歡拿來碾碎治療蚊蟲咬傷、腸胃氣脹，如果以左手香特有的抗菌功能來入皂，就變成了家喻戶曉的消炎抗菌配方皂！

材料

總油重 900g ／成皂總重量 1349.5g

A 鹼水

◆氫氧化鈉 132g
◆左手香汁 317g

B 油品

◆香蜂草浸泡橄欖油 270g（30%）
◆甜杏仁油 90g（10%）
◆椰子油 180g（20%）
◆棕櫚油 270g（30%）
◆乳油木果脂 90g（10%）

C 添加物

◆複方精油（請於作皂前兩周調好，可靜置使香味更融合，如急用的話須於前晚調好。）

＊薰衣草精油 100 滴
＊胡椒薄荷精油 60 滴
＊松樹精油 30 滴
＊檜木精油 50 滴
＊雪松精油 30 滴
＊綠薄荷精油 10 滴

◆青黛粉 3g（約總油重 0.33%～0.35%）
◆二氧化鈦粉 3g（約總油重的 0.33%～0.35%）

清潔度	中
保濕度	佳
INS 值	191.7
適　用	中性、敏感膚質

作法

①準備好所需的左手香加水打成汁，去渣後製成冰，將氫氧化鈉慢慢倒入盛有冰塊的不鏽鋼杯中，攪拌到鹼粒完全溶解。

②準備兩矽膠杯（或有嘴量杯）將二氧化鈦粉倒入其中一杯，再加入同等水量攪勻備用。

③在不鏽鋼鍋裡加入所有油品，如有硬油需先以油溫保持在 40 度以內加熱融化，待硬油融化後離爐降溫，再加入其他比例軟油備用。

④待油溫與鹼溫都降至攝氏 20 度以下（因此配方易 Trace，所以一定要低溫，也可放於冰箱稍作降溫）再將鹼液慢慢倒入鍋內，一邊用攪拌棒輕輕攪拌。

⑤攪拌過程中隨時注意皂 Trace 的程度，一旦皂液逐漸濃稠到可以畫出淡淡的痕跡後，立即加入混和好的複方精油攪拌均勻。

⑥用矽膠杯或是有嘴量杯分別倒出兩杯 400C.C 皂液；一杯加入過篩的青黛粉後攪勻；另一杯則是加入②準備好的二氧化鈦水攪勻。

⑦ ⑦ 與 ⑧ 動作要一氣呵成。將鍋裡剩餘的皂液，先倒入一條至吐司模中。

⑧再依序倒入青黛粉皂液、二氧化鈦皂液，如此重覆淡綠、深綠、白綠皂液做出隨意堆疊感。

⑨將盛有皂液的模子放入保麗龍裡保溫，約 20 ～ 24 個鐘頭左右即會皂化完成。請記得一定要保溫且不要經常翻蓋子查看，保溫箱中的皂液經過升溫皂化，此時溫度有機會會升到近攝氏 60 ～ 80 度左右。

⑩待皂完全降溫後再靜置 2 ～ 3 個鐘頭即可脫模，然後切皂、晾皂 30 ～ 45 天後就可以使用囉！晾皂時盡量讓皂與皂之間保持通風。

左手香。

Step 6.

Step 7.

Step 8.

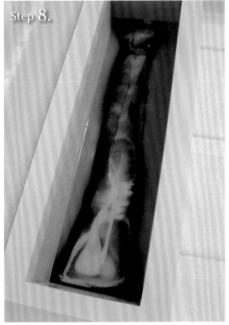

Step 9.

小祕訣：

　　左手香皂除了可以使用左手香汁融
鹼入皂外，也可以分兩次水入皂（做
法如「綠啤酒薄荷髮皂」）或是使用
左手香粉當添加物。手工皂的樂趣就
在於做法變化萬千，大家可以多發揮
創意。

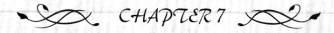

CHAPTER 7

清潔抗痘系列

清爽蘆薈黃瓜皂（蔬果入皂）
Aloe & Cucumber Vegetable Soap

橄欖月桂皂（阿勒坡古皂 JJ 版／特殊油品）
20% Laurel Seed Oil Bar

紫草淨痘皂
Root of Gromwell Anti-Blemish Solutions Bar

控油備長炭皂
Binchoutan Anti-Blemish Solutions Bar

清爽蘆薈黃瓜皂（蔬果入皂）
Aloe & Cucumber Vegetable Bar

　　記得小時候受皮外傷時，母親總會取塊蘆薈，去表皮後敷在傷口消炎鎮痛，這是因為蘆薈中的蘆薈酊有殺菌作用，除此之外，蘆薈另一個廣受喜愛的美容功效則是潤膚、緩解曬傷；小黃瓜則是備受愛美女性的青睞，因為它有美白肌膚、減少皺紋、舒緩青春痘、增強免疫力等功能。如果把這兩種蔬果同時入皂，那便成了夏天最具代表的清爽皂！含有蘆薈膠的那股滑溜洗感，一定會讓你愛不釋手！

材料

總油重 900g ／成皂總重量 1334.4g

A 鹼水

◆氫氧化鈉 127g
◆小黃瓜汁 306g

B 油品

◆椰子油 135g（15％）
◆棕櫚油 135g（15％）
◆橄欖油 180g（20％）
◆乳油木果脂 90g（10％）
◆酪梨油 270g（30％）
◆米糠油 90g（10％）

C 添加物

◆複方精油（請於作皂前兩周調好，可靜置使香味更融合，如急用的話須於前晚調好。）

＊檸檬精油 100 滴
＊迷迭香精油 30 滴
＊甜橙精油 20 滴
＊絲柏精油 30 滴
＊胡椒薄荷精油 20 滴

◆蘆薈粉 3g
　（約總油重的 0.33％ ～ 0.35％）
◆蘆薈膠 45g
　（總油重的 5％）

清潔度｜中
保濕度｜極佳
INS 值｜130.6
適　用｜中性偏油性肌
　　　　膚、缺水膚質

備好蘆薈粉與蘆薈膠。

作法

①將小黃瓜加純水打成汁且製成冰後，將
氫氧化鈉慢慢倒入盛有咖啡冰塊的不鏽
鋼杯中，攪拌到鹼粒完全溶解。

②在不鏽鋼鍋裡加入所有油品，如有硬油
需先以油溫保持在 40 度以內加熱融化，
待硬油融化後離爐降溫，再加入其他比
例軟油備用。

③待油溫與鹼溫都降至攝氏 20 度以下後，
將鹼液慢慢倒入鍋內，一邊用攪拌棒輕
輕攪拌。

④攪拌過程中隨時注意皂 Trace 的程度，
一旦皂液逐漸濃稠到可以畫出淡淡的痕
跡後，立即加入混和好的複方精油與蘆
薈膠攪拌均勻。

⑤用矽膠杯（或有嘴量杯）分出一杯
500C.C 皂液，加入過篩的蘆薈粉。

⑥將矽膠杯中的混合液攪勻後先入模。

⑦接著持續攪拌不鏽鋼鍋裡的皂液，隔約
8～10 分鐘觀察模內皂液逐漸硬化後，
再以矽膠刮刀做為緩衝，將鍋裡的皂液
壓低輕入模。

⑧將盛有皂液的模子放入保麗龍裡保溫，
約 16～20 個小時左右即會皂化完成。
請記得一定要保溫且不要經常翻蓋子查
看，保溫箱中的皂液經過升溫皂化，此
時溫度有機會升到近攝氏 60～80 度左
右。

⑨待皂完全降溫後再靜置 2～3 個鐘頭即
可脫模，然後切皂、晾皂 30～45 天後
就可以使用囉！晾皂時盡量讓皂與皂之
間保持能通風。

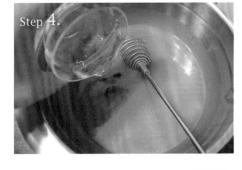

小祕訣：

　　小黃瓜打成汁後可以自行判斷是否需要過篩去除細渣。此款皂做法為分層皂，第一層以及第二層的入模時間點，會影響到分層線是否筆直。

　　如果想做出很筆直的分層皂有另一種方式：總油重分兩鍋打，打完一鍋入模後再打一鍋，時間差可以讓第一層皂液先硬化。

橄欖月桂皂 （阿勒坡古皂 JJ 版／特殊油品）
20% Laurel Seed Oil Bar

這顆JJ獨家版的「橄欖月桂皂」，使用了20%的「冷壓月桂籽油」與40%的「冷壓橄欖油」，保存了來自敘利亞「阿勒坡古皂」（Alepia）的基本配方，再進行小幅度的油品修改！

值得一提的是，冷壓月桂籽油在初聞時有一股很重的菸草香味，但經過了皂的熟成期後，會漸漸變成草本香味。而因為有豐富的橄欖油做基底，所以洗後皮膚會有層薄薄的保濕鎖水感。

用於洗髮的月桂油 、橄欖油，對於髮絲保健是很好的油品，所以這可說是一款全效型（可從頭洗到腳）的皂呢！

材料

總油重 900g ／成皂總重量 1343.5g

A 鹼水

◆氫氧化鈉 130g
◆絲瓜水 352g（2.7 倍的所需水量）

B 油品

◆椰子油 135g（15%）
◆棕櫚油 135g（15%）
◆冷壓月桂油 180g（20%）
◆冷壓橄欖油 360g（40%）
◆杏桃核仁油 90g（10%）

C 添加物

◆複方精油（請於作皂前兩周調好，可靜置使香味更融合，如急用的話須於前晚調好。）

＊真正薰衣草精油 100 滴
＊尤加利精油 100 滴
＊迷迭香精油 90 滴
＊廣藿香精油 30 滴

清潔度	高
起泡度	佳
INS 值	138
適　用	油性、痘痘肌膚

作法

① 事先準備好所需的絲瓜水製成冰，將氫氧化鈉慢慢倒入盛有冰塊的不鏽鋼杯中，攪拌到鹼粒完全溶解。

② 在不鏽鋼鍋裡加入所有油品，如有硬油需先以油溫保持在 40 度以內加熱融化，待硬油融化後離爐降溫，再加入其他比例軟油備用。

③ 待油溫與鹼溫都降至攝氏 20 度左右，將鹼液慢慢倒入不鏽鋼鍋裡備好的油，一邊用攪拌棒輕輕攪拌。

④ 攪拌過程中隨時注意皂 Trace 的程度，一旦皂液逐漸濃稠到可以畫出淡淡的痕跡後，立即加入混和好的複方精油，繼續攪拌均勻後倒入模子中。

⑤ 將盛有皂液的模子放入保麗龍裡保溫，約 18 ～ 24 個小時左右即會皂化完成。請記得一定要保溫且不要經常翻蓋子查看，保溫箱中的皂液經過升溫皂化，此時溫度有機會升到近攝氏 60 ～ 80 度左右，如果有果凍現象更好，表示這條皂將會成功皂化。

⑥ 待皂完全降溫後再靜置 2 ～ 3 個鐘頭即可脫模，然後切皂、晾皂 30 ～ 45 天後就可以使用囉！晾皂時盡量讓皂與皂之間保持通風。

複方精油。

Step 1.

Step 3.

Step 4.

Step 6.

Step 5.

小祕訣：

　　如果想製作適合炎炎夏日使用的涼爽洗臉皂，可以在②中備好所有的比重油品後，添加入 3% ～ 5% 的搗碎薄荷腦；如痘痘肌嚴重者，亦可以將複方精油中的迷迭香精油與尤加利精油改為茶樹精油與綠花白千層精油，變成強效的抗痘皂！

紫草淨痘皂

Root of Gromwell Anti-Blemish Solutions Bar

紫草根是一種很重要的中藥材，具備良好的抗菌、修復、安撫功能，適合調理皮膚痘瘡、發炎與濕疹問題，如果痘痘肌使用的話可以感受到紫草溫和的潔淨力。

這顆「黑嘛嘛」的皂不是備長炭，也不是黑咖啡，而是高比例的「紫草浸泡冷壓橄欖油」的自然顏色；複方精油有同屬於桃金孃科的「綠花白千層」、「茶樹」、「尤加利」，稱得上是抗菌三兄弟！其中「綠花白千層精油」可刺激細胞組織生長、有助傷口癒合，也可用於清潔、治療輕微的創傷和燒傷，希望能進一步解決痘痘肌的困擾。

在冷熱交替的換季時刻很多朋友都會冒出幾顆痘痘，「紫草淨痘皂」絕對是陪我們一起抗痘的好夥伴！

材料

總油重 900g ／成皂總重量 1344 g

A 鹼水

◆氫氧化鈉 130g
◆檜木水 313g

B 油品

◆棕櫚油 90g（10%）
◆椰子油 180g（20%）
◆紫草根浸泡冷壓橄欖油 270g（30%）
◆米糠油 180g（20%）
◆甜杏仁油 180g（20%）

C 添加物

◆複方精油（請於作皂前兩周調好，可靜置使香味更融合，如急用的話須於前晚調好。）

＊茶樹精油 100 滴
＊尤加利精油 80 滴
＊迷迭香精油 30 滴
＊胡椒薄荷精油 30 滴
＊綠花白千層精油 50 滴

清潔度｜中上
保濕度｜佳
INS 值｜**170**
適　用｜油性、痘痘肌膚

紫草根浸泡油。

作法

① 事先準備好所需的檜木水製成冰，將氫氧化鈉慢慢倒入盛有冰塊的不鏽鋼杯中，攪拌到鹼粒完全溶解。

② 在不鏽鋼鍋裡加入所有油品，如有硬油需先以油溫保持在 40 度以內加熱融化，待硬油融化後離爐降溫，再加入其他比例軟油備用。

③ 待油溫與鹼溫都降至攝氏 20 度以下，將鹼液慢慢倒入不鏽鋼鍋裡備好的油，一邊用攪拌棒輕輕攪拌。

④ 攪拌過程中隨時注意皂 Trace 的程度，一旦皂液逐漸濃稠到可以畫出淡淡的痕跡後，立即加入混和好的複方精油，繼續攪拌均勻後倒入模子中。

⑤ 將盛有皂液的模子放入保麗龍裡保溫，約 18 ～ 24 個小時左右即會皂化完成。請記得一定要保溫且不要經常翻蓋子查看，讓皂液在保溫箱中經過升溫皂化。

⑥ 待皂完全降溫後再靜置 2 ～ 3 個鐘頭即可脫模，然後切皂、晾皂 30 ～ 45 天後就可以使用囉！晾皂時盡量讓皂與皂之間保持通風。

Step 2.

Step 3.

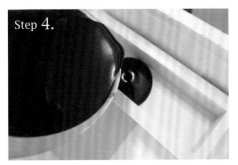

Step 4.

Step 6.

小祕訣：

紫草根品質大多良莠不齊,建議找有信譽的中藥行購買。成皂後顏色的深淺取決於紫草根浸泡數量的多寡及時間,最適合的浸泡時間約半年左右。

控油備長炭皂
Binchoutan Anti-Blemish Solutions Bar

　　「備長炭」之所以成為一種專有名詞，是來自於日本元祿年間一位名叫「『備』中屋『長』右衛門」的人所研發出來的製炭方法，他選擇「馬目堅木」做為燒炭的材料，結果燒出來的炭質地堅硬、碳元素含量甚至達 93 ～ 96%，可說是白炭中最高級的炭種。

　　備長炭皂的好處是能去痘、去角質、殺菌除臭、讓皮膚油脂平衡及改善臉部油光，對手工皂與保養品都是很棒的添加物！

　　此皂的重點在於清潔力充足外，還帶一些滋潤感，所以在植物油方面皆選擇清爽但又滋潤的油品來結合。

材料

總油重 900g ／成皂總重量 1360.4 g

A 鹼水

　◆氫氧化鈉 135g

　◆純水 325g

B 油品

　◆棕櫚油 180g（20%）

　◆椰子油 270g（30%）

　◆甜杏仁油 90g（10%）

　◆米糠油 270g（30%）

　◆可可脂 90g（10%）

C 添加物

　◆複方精油（請於作皂前兩周調好，可靜置使香味更融合，如急用的話須於前晚調好。）

　　＊茶樹精油 100 滴

　　＊尤加利精油 80 滴

　　＊迷迭香精油 30 滴

　　＊胡椒薄荷精油 30 滴

　　＊綠花白千層精油 50 滴

　◆備長炭粉（1500 目）3g（約總油重的 0.33% ～ 0.35%）

清潔度	佳
保濕度	中
INS 值	**196.5**
適　用	油性、痘痘膚質

作法

①事先準備好所需的純水製成冰，將氫氧化鈉慢慢倒入盛有冰塊的不鏽鋼杯中，攪拌到鹼粒完全溶解。

②在不鏽鋼鍋裡加入所有油品，如有硬油需先以油溫保持在 40 度以內加熱融化，待硬油融化後離爐降溫，再加入其他比例軟油攪勻備用。

③待油溫與鹼溫都降至攝氏 20 度左右，將鹼液慢慢倒入不鏽鋼鍋裡備好的油，一邊用攪拌棒輕輕攪拌。

④攪拌過程中隨時注意皂 Trace 的程度，一旦皂液逐漸濃稠到可以畫出淡淡的痕跡後，立即加入混和好的複方精油攪拌均勻。

⑤用矽膠杯（或有嘴量杯）分出一杯 400C.C 皂液，加入過篩的備長炭粉後攪勻備用。

⑥此時⑥、⑦動作要一氣呵成。將鍋裡未添加備長炭粉的皂液，先倒入一長條至吐司模中。

⑦再依序倒入備長炭粉皂液，如此反覆白、黑皂液做出隨意堆疊感。

⑧將盛有皂液的模子放入保麗龍裡保溫，約 18 ～ 24 個小時左右即會皂化完成。請記得一定要保溫且不要經常翻蓋子查看，讓皂液在保溫箱中經過升溫皂化。

⑨待皂完全降溫後再靜置 2 ～ 3 個鐘頭即可脫模，然後切皂、晾皂 30 ～ 45 天後就可以使用囉！晾皂時盡量讓皂與皂之間保持通風。

Step 2.

Step 4.

Step 5.

Step 6.

Step 7.

小祕訣：

「控油備長炭皂」也可以做全黑的皂款，只要將備長炭粉量提高至總油重的 0.65% ～ 0.67% 即可。

CHAPTER 8

家事皂／創意皂

橘子椰油家事皂（皂邊分層）
Orange Flavored Coconut Oil Dish Soap

....

杯子蛋糕皂
Cupcakes Aesthetic Soap

橘子椰油家事皂（皂邊分層）
Orange Flavored Coconut Oil Dish Soap

　　在「橘子椰油家事皂」的油品配置上，除了有清潔力強且高比例的椰子油外，還有富含蓖麻油酸（Ricinoleic acid）的蓖麻油來增加滋潤保濕的效果，最後再加上平日作皂所修下來的皂邊作變化，就是一款美觀又好用的家事皂囉！

　　椰子油跟蓖麻油混合做出來的皂，不但清潔力好且滋潤度也夠，對於一般家庭主婦來說，使用自製的天然家事皂洗鍋碗瓢盆、蔬果、衣物、陳年的抽油煙機油垢、磁磚牆壁的油漬、襪子、衣領汙垢等，完全不用擔心有化學洗劑殘留，更不用怕傷害寶貝的玉手喔！

材料

總油重 800g ／皂邊 100g ／成皂總重量 1400 g

A 鹼水

◆ 氫氧化鈉 147g
◆ 純水 353g

B 油品

◆ 椰子油 720g（90%）
◆ 蓖麻油 80g（10%）

C 添加物

◆ 冷壓橘油 30g（5%）
◆ 皂邊 100g

清潔度｜高
起泡度｜佳
INS 值｜**241.7**

作法

①事先準備好所需的低溫純水，將氫氧化鈉慢慢倒入盛有冰塊的不鏽鋼杯中，攪拌到鹼粒完全溶解。

②在不鏽鋼鍋裡加入所有油品，如有硬油需先以油溫保持在 40 度以內加熱融化，待硬油融化後離爐降溫，再加入其他比例軟油攪勻，皂邊切碎備用。

③待油溫與鹼溫都降至攝氏 40 度左右，將鹼液慢慢倒入不鏽鋼鍋裡備好的油，一邊用攪拌棒輕輕攪拌。

④攪拌過程中隨時注意皂 Trace 的程度，一旦皂液逐漸濃稠到可以畫出淡淡的痕跡後，立即加入冷壓橘油。

⑤攪拌均勻後另外倒出 350C.C 皂液，加入切碎皂邊攪勻後先入模。

⑥接著持續攪拌不鏽鋼鍋裡的皂液，隔約 5 ～ 10 分鐘觀察模內皂液逐漸硬化後，再以矽膠刮刀做為緩衝，將鍋裡的皂液壓低輕入模。

⑦冬日可放在保麗龍裡保溫（夏日無須保溫），約 8 ～ 12 個小時左右即會皂化完成。請記得一定要保溫且不要經常翻開蓋子查看，讓皂液在保溫箱中經過升溫皂化。

⑧待皂完全降溫後即可脫模，然後切皂、晾皂 30 ～ 45 天後就可以使用囉！晾皂時盡量讓皂與皂之間保持通風。

Step 2.

Step 5.

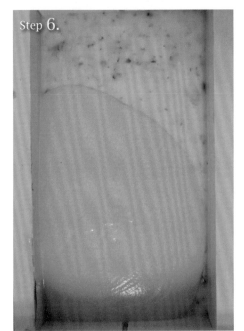

Step 6.

Step 7.

小祕訣：

　　你也可以隨心所欲地加入喜歡的精油或是檸檬油。除了橘油外，還可以添加抗菌的茶樹精油；如果希望有花香，可添加薰衣草精油等。

　　添加不一樣香氣的精油，把家事皂自由發揮在不同的用途上吧！

杯子蛋糕皂
Cupcakes Aesthetic Soap

　　「杯子蛋糕皂」在婚禮上是最討喜的皂款，宛如蛋糕般帶有甜蜜的風貌，很適合分享新人的喜悅！工具準備方面可以隨意找來家裡有的烘焙方面造型模具：杯子蛋糕油紙拖、擠花袋……；烘焙方面的用具，發揮巧思創意，就能幫朋友們做出甜美祝福的新婚禮物喔！

....

材料 （杯底部分）

總油重 280g

A 鹼水

◆氫氧化鈉 41g
◆純水 100g

B 油品

◆棕櫚油 56g（20%）
◆椰子油 70g（25%）
◆甜杏仁油 28g（10%）
◆米糠油 98g（35%）
◆乳油木果脂 28g（10%）

C 添加物

◆複方精油（請於作皂前兩周調好，可靜置使香味更融合，如急用的話須於前晚調好。）

＊薰衣草精油 20 滴
＊迷迭香精油 20 滴
＊甜橙精油 30 滴

◆深黑可可粉 2g
　　（約總油重的 0.65% ～ 0.75%）

作法（杯底部分）

① 將氫氧化鈉慢慢倒入盛有冰塊的不鏽鋼杯中，攪拌到鹼粒完全溶解。

②在不鏽鋼鍋裡加入所有油品，如有硬油需先以油溫保持在 40 度以內加熱融化，待硬油融化後離爐降溫，再加入其他比例軟油與深黑可可粉攪勻後備用。

③將鹼液慢慢倒入不鏽鋼鍋裡備好的油，一邊用攪拌棒輕輕攪拌。

④ 攪拌過程中隨時注意皂 Trace 的程度，一旦皂液逐漸濃稠到可以畫出淡淡的痕跡，立即添加入複方精油後攪勻分別入模。

⑤ 保溫皂化後於隔日再取出。

杯底完成皂。

材料（擠花部分）

總油重 100g

A 工具

◆ 愛心造型切片皂 8 片
◆ 擠花袋 2 個

B 鹼水

◆ 氫氧化鈉 17g
◆ 純水 41g

C 油品

◆ 椰子油 70g（70%）
◆ 米糠油 30g（30%）

D 添加物

◆ 甜橙精油 30 滴
◆ 深黑可可粉少量

製作完杯底後，備好「擠花」會使用到的材料！

作法（擠花部分）

① 將氫氧化鈉慢慢倒入盛有冰塊的不鏽鋼杯中，攪拌到鹼粒完全溶解。

② 在不鏽鋼鍋裡加入所有油品，如有硬油需先以油溫保持在 40 度以內加熱融化，待硬油融化後離爐降溫，再加入其他比例軟油備用。

③ 將鹼液慢慢倒入不鏽鋼鍋裡備好的油，一邊用攪拌棒輕輕攪拌。

④ 攪拌過程中隨時注意皂 Trace 的程度，一旦皂液逐漸濃稠到可以畫出淡淡的痕跡後，立即加入複方精油並攪勻。

⑤ 將攪拌好的皂液分成兩份（其中一份少量即可），多的那一份先入一個擠花袋；另一份少量皂液混和深黑可可粉調色後，再入另一個擠花袋備用。

⑥ 取出 8 個愛心薄皂片，將混和深黑可可粉的皂液擠花袋依圖擠出斜線條。

⑦ 再黏上大小不同的愛心小皂待乾。

⑧ 取出事先做好的 8 個杯底皂，繞圈擠花後，待皂液略有堅挺感（約 20~30 分鐘）再開始裝飾愛心薄片，可隨意放些事先準備好的皂裝飾品。

⑨ 將裝飾完成的杯子蛋糕皂放入保麗龍箱中保溫約 12 ～ 24 個鐘頭。

⑩ 取出晾皂後約 30 ～ 45 天即可包裝送禮。

Step 5.

Step 6.

Step 7.

Step 8.

Step 9.

Step 10.

小祕訣：

可在平日作皂時順便取用些許各種顏色的皂液，入模至烘焙專用的矽膠翻糖模。這些慢慢收集的小小裝飾皂，更可增添杯子蛋糕皂的造型豐富性。

Part 3.
萬用生活手作篇

　　在我們購入各類油品、精油，並了解其功能性後，就可以發揮創意運用在日常生活用品中喔！

　　除了做皂之外，乳液、潤膚餅、萬用油膏等也可以自己動手DIY！例如我們都知道「乳油木果脂」可以高度滋潤皮膚，拿來做天然乳液是再適合不過的了！

　　快來跟著JJ一起動手做，最天然的生活用品就能輕輕鬆鬆地入手！

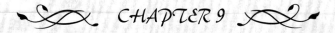

CHAPTER 9

療癒系／紓壓美體小物

乳木足跟潤膚餅
Shea Butter Heel Massage Bar

....

精油泡澡錠
Bath Bomb

....

緊緻保濕身體乳液
Firming Moisturizing Body Cream

乳木足跟潤膚餅
Shea Butter Heel Massage Bar

　　「乳木足跟潤膚餅」含有非常滋潤的乳油木果脂及天然蜂蠟，可以防止足部與手肘乾燥龜裂、修復肌膚。使用方式很簡單，每日洗完澡後塗抹於特別乾燥的肌膚區塊，稍微按摩以利吸收，就可以體驗到滋潤的舒適感！

材料

◆造型矽膠模（使用 15g ～ 20g 矽膠模，約可做出 6 顆）
◆紅豆 50 顆

A 油品

◆天然蜂蠟 43g
　（蠟、脂、油比例為 1.5：1：1）
◆乳油木果脂 29g
　（蠟、脂、油比例為 1.5：1：1）
◆甜杏仁油 29g
　（蠟、脂、油比例為 1.5：1：1）

B 添加物

◆複方精油（可當場調製好）

　＊薰衣草精油 10 滴
　＊迷迭香精油 10 滴
　＊甜橙精油 20 滴

作法

①在燒杯裡加入天然蜂蠟、乳油木果脂、甜杏仁油，隔水加熱或以電磁爐加熱。

②在油脂皆融化後，待溫度降至攝氏 50 度以下，再加入複方精油輕輕攪拌均勻。

③將紅豆均分配於矽膠模內待用。

④ 將油脂均勻倒入矽膠模內。

⑤待潤膚餅凝固後即可取出使用。

備好各類油脂與紅豆。

精油泡澡錠
Bath Bomb

天冷時泡澡最舒服！

「精油泡澡錠」除了含有小蘇打與檸檬酸可以幫助清潔皮膚之外，JJ家的泡澡錠一定會加入 EVOO（冷壓初榨橄欖油），減少色水（色素）的使用，因為既然是自己手做泡澡錠，當然不譁眾取寵，用得安心健康最重要！

想想看，在泡澡時有精油的香氣繚繞，還有小蘇打跟檸檬酸清潔身體，此時橄欖油再藉由熱水滲透肌膚，讓你洗澡後不用再擦乳液就可以很滋潤喔！

材料

- ◆ 造型 PVC 模（使用 55g PVC 模約可做出 10 ～ 12 顆）
- ◆ 小蘇打 2 杯（使用 500cc 紙杯）
- ◆ 無水檸檬酸 1 杯（使用 500cc 紙杯）
- ◆ 玉米粉半杯（使用 500cc 紙杯）
- ◆ 紫色水性色素 5 滴 + 適量水

A 油品

- ◆ 冷壓初榨橄欖油數滴

B 添加物

- ◆ 薰衣草精油 40 滴（可任意添加自己喜歡精油）

備好染色用水（不建議劑量太高）。

造型 PVC 模。

作法

①在適當大小的容器中加入小蘇打粉、無
　水檸檬酸、玉米粉，充分混和後捏碎（盡
　量不要有顆粒狀）。

②滴入橄欖油約 8 ～ 10 滴與薰衣草精油
　攪拌均勻。

③倒入紫色水性色素 5 滴、適量水於粉中
　再攪拌均勻，判斷水量是否剛好可抓粉
　起來輕捏，如能結團表示可以入模。

④將粉各添入一半的模具中，其中一半稍
　加壓緊，做出「凹」狀（如圖中左）；
　另一半則灑上些粉成為「凸狀」（如圖
　中右），將兩半模具闔上並輕敲整形。

⑤待約 20 秒後可緩慢地打開模具，輕取
　出粉團後待乾即可包裝。

緊緻保濕身體乳液
Firming Moisturizing Body Cream

　　自從會做手工皂及自製乳液後，以前使用的保養品都一瓶瓶丟掉，雖然自製的乳液沒有很多強效的功能，但成分含有哪種油品、精油我們都能一清二楚，用起來也格外安心！ JJ 每日沐浴完後，會使用花水或是絲瓜水噴過全身，再馬上抹上乳液，這是幾年累積下來的簡單保濕補水法，皮膚一樣水水嫩嫩喔！

材料

A 工具

- ◆ 100ml 空乳液瓶 5 個
- ◆ 95% 酒精
- ◆ 燒杯
- ◆ 攪拌棒

B 油品

- ◆ 甜杏仁油 25g
- ◆ 冷壓初榨橄欖油 25g

C 添加物

- ◆ 簡易乳化劑 5g
- ◆ 玻尿酸 1% 50g
- ◆ 絲瓜水 400g
- ◆ 維拉薰衣草精油
- ◆ 甜馬鬱蘭精油
- ◆ 迷迭香精油

乳液擠出的樣子。

作法

①準備好 5 個 100ml 的乳液空瓶洗淨並烘乾殺菌（若家裡的烘碗機有臭氧功能殺菌最好）。

②瓶子以 95% 酒精噴灑再殺菌一次。因為是自製乳液，在不放抑菌劑的狀況下，將工具保持清潔、殺菌很重要，需要層層把關。

③分別量好甜杏仁油、冷壓初榨橄欖油於燒杯內。

④加入簡易乳化劑 5g 並攪拌、乳化油品。

⑤均等分裝入 5 個乳液空瓶內。

⑥每瓶依序加入玻尿酸 1% 10g 與絲瓜水80g（總材料＋花水裝至瓶子 8 分滿就好，因為待會我們要「shake」，讓花水跟乳化的油有空間撞擊）。

⑦每瓶各滴入維拉薰衣草精油 8 滴、甜馬鬱蘭精油 7 滴、迷迭香精油 6 滴。

⑧鎖緊瓶蓋後用力上下搖晃，直到油水混和變成黏稠乳液狀為止。

⑨完成！貼上喜愛的貼紙裝飾。

小祕訣：

這種做法會盡量減少攪拌的動作，避免接觸空氣，同時也降低了工具帶給乳液細菌的機會。

油品、精油等都可以依照膚質狀況隨意調整適合自己的組合，每次少量製作，儘量於 1 個月內使用完畢，夏天或室溫高的狀況下宜保存於冰箱。

Step 1.

Step 2.

Step 3.

Step 4.

Step 5.

Step 6.

Step 7.

Step 8.

CHAPTER 10
實戰款／隨身萬用膏類

苦卡防蚊膏
Herbal Insect Repellent Cream

....

提神滾珠精油
Refreshing Peppermint Oil

....

萬用紫草膏
Gromwell Root Ointment

....

萬用月桂油膏
Laurel Seed Ointment

苦卡防蚊膏
Herbal Insect Repellent Cream

　　JJ 家有兩個很容易吸引蚊子的小孩，到了夏天更是苦不堪言，所以非常需要有效、不讓蚊子接近的防蚊配方！

　　「苦卡防蚊膏」中的卡蘭賈油跟印度苦楝油都有極佳的驅蚊性及殺菌性，可以強效防蚊，外出時放一管在包包裡，可隨時塗抹不沾手！

....

材料

A 工具

　◆扁管／大圓管
　◆ 95% 酒精
　◆燒杯
　◆攪拌棒

B 油品／添加比例

　◆卡蘭賈油 10
　◆印度苦楝油 2
　◆天然蜂蠟 7
　◆薄荷腦 0.5
　◆複方精油 2

複方精油等比例調配

　◎迷迭香精油
　◎肉桂皮精油
　◎尤加利精油
　◎胡椒薄荷精油
　◎雪松精油
　◎檸檬香茅精油

作法

①準備好扁管或大圓管洗淨並烘乾殺菌（若家裡的烘碗機有臭氧功能殺菌最好）。接著用 95% 酒精噴灑再殺菌一次。

②將卡蘭賈油、印度苦楝油、天然蜂蠟加入燒杯中，以攝氏 50 ～ 60 的溫度隔水加熱或使用電磁爐定溫加熱融化。

③待融化後的油溫降至攝氏 50 以下後，即可加入薄荷腦以及調配好的複方精油，使用攪拌棒輕攪拌均勻後倒入準備好的扁管中。

④待凝結成固體狀後，即可於管外貼上喜愛貼紙使用。

提神滾珠精油
Refreshing Peppermint Oil

需要提神紓壓的時候，只要隨手滾一滾太陽穴、人中，就可以馬上恢復好精神的提神滾珠精油，是 JJ 的教師先生天天必備的物品，也是大多數人喜歡隨手帶一支的好物。雖然市面上到處都有販售，但是自己做的不會放多餘的添加物，單純只有油類與精油，用起來也安心。更何況 DIY 的困難度不高，送禮自用都是相當受歡迎的手作品喔！

材料

A 工具

◆ 玻璃滾珠瓶
◆ 95% 酒精
◆ 茶色玻璃精油瓶

B 油品／添加比例

◆ 甜杏仁油 9
◆ 薄荷腦複方精油 1

複方精油等比例調配
◎ 迷迭香精油 7 滴
◎ 尤加利精油 6 滴
◎ 胡椒薄荷精油 5 滴
◎ 綠薄荷精油 5 滴
◎ 百里香精油 2 滴
◎ 綠花白千層精油 5 滴
◎ 薄荷腦 4g

作法

① 準備好玻璃滾珠瓶、茶色精油瓶洗淨並烘乾殺菌（若家裡的烘碗機有臭氧功能殺菌最好）。接著用 95% 酒精噴灑再殺菌一次。

② 於前兩周先將複方精油以及薄荷腦，依比例放入茶色精油瓶中調好靜置，使香味更融合。

③ 取出玻璃滾珠瓶倒入甜杏仁油與調製好的複方精油（比例 9:1），上下輕晃使其融合後即可使用。

萬用紫草膏
Gromwell Root Oinment

「萬用紫草膏」在 JJ 的家族裡人手一罐！除了可舒緩蚊蟲叮咬的腫癢外，大人們辛苦地工作，如果流汗起了濕疹，也是擦擦紫草膏，隔天就不會搔癢痛苦了！忽冷忽熱的天氣裡，很容易這邊癢那邊癢，也可以用紫草膏來緩解！

材料

A 工具

◆ 20g 鐵盒／鋁盒 10 個
◆ 95% 酒精
◆ 燒杯
◆ 攪拌棒
◆ 茶色玻璃精油瓶

B 油品／添加物

◆ 紫草根浸泡冷壓初榨橄欖油 80g
◆ 印度苦楝油 3g
◆ 卡蘭賈油 12g
◆ 甜杏仁油 20g
◆ 乳油木果脂 30g
◆ 天然蜂蠟 40g
◆ 薄荷腦 10g
◆ 複方精油 5g

複方精油等比例調配
◎ 洋甘菊精油 10 滴
◎ 廣藿香精油 5 滴
◎ 香茅精油 20 滴
◎ 胡椒薄荷精油 10 滴
◎ 茶樹精油 30 滴
◎ 薰衣草精油 30 滴

作法

① 準備好茶色玻璃精油瓶以及 10 個 20g 鋁盒洗淨並烘乾殺菌（若家裡烘碗機有臭氧功能殺菌最好），接著再用 95% 酒精噴灑再殺菌一次。

② 將複方精油依比例調入茶色玻璃精油瓶中（可一次調配多點量以便日後使用）。

③ 將浸泡三個月以上的紫草根浸泡冷壓初榨橄欖油、卡蘭賈油、印度苦楝油、甜杏仁油，以及乳油木果脂、天然蜂蠟加入燒杯中，以攝氏 50 ～ 60 的溫度隔水加熱或使用電磁爐定溫加熱融化。

④ 融化後離火，待油溫降至攝氏 50 以下，即可加入薄荷腦以及調好的複方精油。使用攪拌棒輕攪拌均勻後倒入準備好的鋁盒中。

⑤ 待凝結成固體狀後，即可於盒蓋貼上喜愛的貼紙使用。

萬用月桂油膏
Laurel Seed Ointment

　　廣佈地中海沿岸的月桂樹，將果實經由傳統製油工序壓榨，即取得深墨綠色、帶有濃厚藥草風味的月桂籽油，在當地已代代相傳且使用有數百年歷史；如調和其他油品後，直接擦拭在身體可舒緩輕微的風濕痛、扭傷、一般性疼痛、痘痘、蚊蟲咬傷等，是罐會讓你情有獨鍾的草本油膏喔！

材料

A 工具

◆ 20g 鐵盒／鋁盒 6 個
◆ 95% 酒精
◆ 燒杯
◆ 攪拌棒
◆ 茶色玻璃精油瓶

B 油品／添加物

◆ 月桂籽油 40g
◆ 冷壓椰子油 20g
◆ 卡蘭賈油 20g
◆ 乳油木果脂 20g
◆ 天然蜂蠟 20g
◆ 薄荷腦 4g
◆ 複方精油 8g

複方精油等比例調配
◎ 廣藿香精油 10 滴
◎ 迷迭香精油 30 滴
◎ 尤加利精油 30 滴
◎ 薰衣草精油 50 滴

作法

① 準備好茶色玻璃精油瓶以及 20g 鋁盒洗淨並烘乾殺菌（若家裡烘碗機有臭氧功能殺菌最好）。接著用 95% 酒精噴灑再殺菌一次。

② 將複方精油依比例調入茶色玻璃精油瓶中（可一次調配多點量以便日後使用）。

③ 將月桂籽油、冷壓椰子油、卡蘭賈油、乳油木果脂、天然蜂蠟加入燒杯中，以攝氏 50 ～ 60 的溫度隔水加熱或使用電磁爐定溫加熱融化。

④ 融化後離火，待油溫降至攝氏 50 度以下，即可加入薄荷腦以及調好的複方精油。使用攪拌棒輕輕拌均勻後倒入準備好的鋁盒中。

⑤ 待凝結成固體狀後，即可於盒蓋貼上喜愛的貼紙使用。

Notes

山迴

回歸大自然　感受山林氣息
天然有機精油系列

Mt. retour®
ORGANIC
真有機。真安全

Mt. retour®
Eucalyptus
Eucalyptus Globulus
PROCESSOR 10551P
AUSTRALIAN
CERTIFIED
ORGANIC
100% Certified Organic Essential Oil

Mt. retour®
lavender
Lavandula angustifolia
PROCESSOR 10551P
AUSTRALIAN
CERTIFIED
ORGANIC
100% Certified Organic Essential Oil

Mt. retour®
Rose Otto 3%
Rosa damascena
PROCESSOR 10551P
AUSTRALIAN
CERTIFIED
ORGANIC
100% Certified Organic Essential Oil in jojoba

AUSTRALIAN MADE

PROCESSOR 10551P
AUSTRALIAN
CERTIFIED
ORGANIC

O.F.C
T.M.0571

朗沛柔國際有限公司 Lanopearl(Taiwan)Co.,Ltd.
E-mail service@lanopearl.com.tw
www.lanopearl.com.tw

國家圖書館出版品預行編目資料

職人JJ的私房冷製手工皂：26款人氣配方
大公開！ ／ JJ 著 --初版. – 臺北市：泰電電
業，2015.09
面； 公分（Play 8）

ISBN 978-986-405-012-3（平裝）
1.肥皂
466.4   104013295

play

職人 JJ 的私房冷製手工皂：26 款人氣配方大公開！

作　　　者	JJ
總 編 輯	王郁燕
主　　　編	井楷涵
行 銷 企 劃	鍾珮婷
美 術 設 計	吳怡婷
插　　　畫	Maskay
封 面 設 計	Sherry Wu
攝　　　影	張裕民／JJ

出　　　版	泰電電業股份有限公司
地　　　址	臺北市中正區博愛路 76 號 8 樓
電　　　話	（02）2381-1180
傳　　　真	（02）2314-3621
劃 撥 帳 號	1942-3543 泰電電業股份有限公司

總 經 銷	時報文化出版企業股份有限公司
電　　　話	（02）2306-6842
地　　　址	桃園縣龜山鄉萬壽路二段 351 號
印　　　刷	普林特斯資訊股份有限公司

I S B N	978-986-405-012-3

2015 年 9 月初版　　　定價 360 元

100台北市博愛路76號6樓

泰電電業股份有限公司

請沿虛線對摺，謝謝！

馥林文化

書名：職人 JJ 的私房冷製手工皂：26 款人氣配方大公開！

感謝您購買本書，請將回函卡填好寄回（免附回郵），即可不定期收到最新出版資訊及優惠通知。

1. 姓名

2. 生日　　　　年　　　　月　　　　日

3. 性別　○男　○女

4. E-mail

5. 職業　○製造業　○銷售業　○金融業　○資訊業　○學生
　　　　○大眾傳播　○服務業　○軍警○公務員　○教職　○其他

6. 您從何處得知本書消息？
　　○實體書店文宣立牌：○金石堂　○誠品　○其他
　　○網路活動　○報章雜誌　○試讀本　○文宣品　○廣播電視　○親友推薦
　　○《双河彎》雜誌　○公車廣告　○其他

7. 購書方式
　　實體書店：○金石堂　○誠品　○PAGEONE　○墊腳石　○FNAC　○其他_____
　　網路書店：○金石堂　○誠品　○博客來　○其他_____
　　　　　　　○傳真訂購　○郵政劃撥　○其他_____

8. 您對本書的評價　（請填代號1.非常滿意　2.滿意　3.普通　4.再改進）
　　書名___　封面設計___　版面編排___　內容___　文／譯筆___　價格___

9. 您對馥林文化出版的書籍　○經常購買　○視主題或作者選購　○初次購買

10. 您對我們的建議

馥林文化官網www.fullon.com.tw
服務專線（02）2381-1180轉391